位相幾何学入門

樹下眞一著

培風館

R〈日本複写権センター委託出版物・特別扱い〉

本書の無断複写は，著作権法上での例外を除き，禁じられています。
本書は，日本複写権センターへの特別委託出版物ですので，包括許諾の対象となっていません。
本書を複写される場合は，日本複写権センター(03-3401-2382)を通してその都度当社の許諾を得てください。

はしがき

　本書は位相幾何学の入門書として書かれたものである．内容は大きくいって2つに分けられる．前者は第1章「位相空間論」であり，後者は第2章「基本群」と第3章「被覆空間論」である．そして本書の目的の一つは，第3章にあるように「分岐被覆空間」を系統的に記述することである．

　第2章と第3章は，著者がフロリダ州立大学や関西学院大学で，何度か講義を行った際のノートをもとにして書かれた．読者は，これらの章が，どちらかといえばいわゆる教科書風に書かれておらず講義風に書かれていることに気づくであろう．そして，「分岐被覆空間」について本書のような形で展開された教科書はいまだないと思う．詳しくは「あとがき」を読んでいただきたい．

　第1章は，本書が「位相空間論」の教材としても使用できるように配慮して書かれている．第2章と第3章のような内容のものを書くと，どうしても「位相空間論」にふれないわけにはいかなくなるが，それを簡単にすませようとすると，教材として見通しのよくない不十分なものとなりがちである．そこで思い切って系統的に書いてみたが，相当の内容量になってしまった．著者が「位相空間論」を講義したとき，いつも同じようなことを感じている．

　ところで，「位相空間論」には，解析学で使用される基本概念を解明するということを本来の目的としているところがあるので，本書でももっと解析学との関連にふれたかったが，本書の目的の一つである「分岐被覆空間」とあまりにもかけ離れるので割愛することにした．

　なお，本書の参考文献は巻末に「あとがき」として書かれている．また，練習問題に*のついたものは，難問かもう少し程度の高い理論の基本定理であり，読者が解くことまでは期待していない．

最後に，本書の出版については，大阪市立大学の河内明夫 博士に大変お世話になった．また，大阪産業大学の張替俊夫 博士には詳しく内容を読んでいただき，多数の訂正や注意をいただいた．そして培風館の岩田誠司氏の御忍耐とお励ましがなければ本書は成立しなかったであろう．本書の出版にあたって，これらの方々に深く感謝の意を表する．

　　2000 年 5 月 15 日

　　　　　　　　　　　　　　　　　　　　　　　　　　　　樹下 眞一

目　　次

位相幾何学の始まり
　——ケーニヒスベルグの橋の問題——　　　　　　　　　　v

0. はじめに　　　　　　　　　　　　　　　　　　　　　1

1. 位相空間　　　　　　　　　　　　　　　　　　　　　9

　　1-1　距離空間　　9
　　1-2　位相空間　　14
　　1-3　近傍系　　19
　　1-4　連続写像　　22
　　1-5　連結空間　　26
　　1-6　直積空間　　29
　　1-7　分離の公理　　34
　　1-8　コンパクト空間　　38
　　1-9　コンパクト距離空間　　44
　　1-10　完備距離空間　　48

2. 基本群　　　　　　　　　　　　　　　　　　　　　　51

　　2-1　群の定義　　51
　　2-2　基本群の定義　　56
　　2-3　円周の基本群　　59
　　2-4　群の生成元と関係子　　60

2-5　ファン・カンペンの定理　61
2-6　多面体とその基本群　63
2-7　結び目について　66
2-8　結び目群の表示　69
2-9　ライデマイスターの操作とその応用　73

3. 被覆空間　77

3-1　被覆空間　77
3-2　被覆空間と基本群　80
3-3　部分群の生成元　83
3-4　自由群の部分群　85
3-5　部分群の関係式　89
3-6　分岐被覆空間とその基本群　91
3-7　分岐被覆空間の基本群の計算例　96
3-8　無限巡回被覆空間とアレクサンダー多項式 I　101
3-9　無限巡回被覆空間とアレクサンダー多項式 II　104
3-10　3次元多様体とアレクサンダーの定理　112
3-11　アレクサンダーの定理の適用例　118

練習問題の略解　127
あとがき　131
索　引　135

位相幾何学の始まり
―― ケーニヒスベルグの橋の問題 ――

　位相幾何学とはどのような学問であるかをみるために，歴史的な観点からオイラー(1707-1783)による「ケーニヒスベルグの橋の問題」をとり上げよう．オイラーはこの論文の序文で，まさしく位相幾何学の誕生を告げている．その大略(英訳による)は次のとおりである．

　　量(長さ，面積，角などのこと)を扱う幾何学の分野はいままでも熱心に研究されてきたが，幾何学にはいままでほとんど知られていないもう一つの分野がある．ライプニッツ(1646-1716)が初めてそのような分野について語り，それを位置の幾何学(ラテン語でGeometria Situs，ギリシャ語でトポロジー)とよんだ．この位置の幾何学は位置に関することだけを研究し，量に関することは考慮にいれないし，また量に関する計算もしない．最近，幾何学の問題ではあるが，量を考慮しないし，量の計算によって解くわけでもない一つの問題が提出された．したがって私はためらうことなく，それを位置の幾何学の問題であると考える．なぜなら，その問題を解くためには位置に関することだけを考慮し，計算は役に立たない．この論文では，このたぐいの問題を解くために私が見いだした方法を述べるが，それは位置の幾何学の一例として役立つであろう．

　この論文でオイラーが述べている位置の幾何学の問題とは次のとおりである．ケーニヒスベルグ(現 カリニングラード)の町は，図で示されているように，プレーゲル河とその支流によって4つの区域 A, B, C, D に分けられ，これらの区域は7つの橋 a, b, c, d, e, f, g によって結ばれていた．オイラーのいう位置の幾何学の問題とは，同じ橋を2度渡ることなしにこれらの7つの橋を一度に

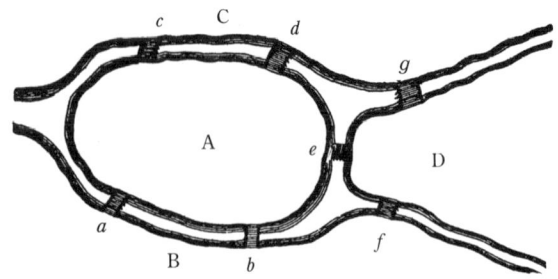

全部渡る方法があるかどうかという問題である．

　この問題は，少し見方をかえて，次のようにいい換えることができる．4つの区域 A, B, C, D をそれぞれ点 A, B, C, D で表し，区域 A, B を結ぶ橋 a, b を 2 点 A, B を結ぶ辺 a, b で表す（下図をみよ）．同様にして，橋 c, d は点 A, C を結ぶ辺 c, d 等々で表す．このようにして，4つの区域と 7 つの橋からなる地図を，4つの頂点と 7 つの辺からなるグラフとして表すことができる．この問題で大事なことは，どの区域とどの区域がいくつの橋で結ばれているか，ということだけである．したがって，ケーニヒスベルグの橋の問題は，図のグラフが一筆で書けるかどうかという問題と同じになる．さらにグラフは，どう伸ばしても，縮めても，曲げてもかまわない．頂点と辺の結び具合いだけが問題であるからである．すなわち，オイラーのいうように，これは"位置の幾何学（トポロジー）"の問題である．オイラーはこの論文において，頂点と辺からなる一般のグラフを考え，それが一筆で書けるかどうかという問題に完全な解決を与えた．

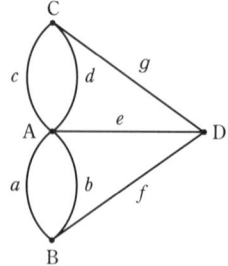

　上図のグラフが一筆で書けないということだけなら，証明は難しくない．一つの頂点から奇数個の辺が出ているとき，この頂点は一筆書きの出発点か終着

点でなければならない．しかし，このグラフのいずれの頂点からも奇数個の辺が出ているので，どの頂点も一筆書きの出発点か終着点でなければならない．しかし，一筆書きの出発点は一つ，終着点も一つなので，このことは不可能である．オイラーによる一般のグラフに関する一筆書きの問題の解決は，この考え方を一般化したものである．

0 はじめに

はじめに，本書を読むにあたって必要となる集合論一般の知識について簡単に説明しておく．詳しくは集合論の専門書を読まれたい．

集合について　　**集合**(set)とは，もの(**元**(element)または**要素**という[†])の集まりであり，任意の要素 x をとってきたとき，この集合 X に含まれているかどうかがわかっているものとする．x が X の元(または要素)であるとき $x \in X$ と表し，そうでないとき $x \notin X$ と表す．

本書では，以下の集合に対しては固有の記号を用いることとする．

$\boldsymbol{N}$:　自然数の集合

$\boldsymbol{Z}$:　整数の集合

$\boldsymbol{Q}$:　有理数の集合

$\boldsymbol{R}$:　実数の集合

次に，X が有限集合，例えば，数 $1, 2, 3$ からなるとき，X を，その要素を書き並べて

$$X = \{1, 2, 3\}$$

と表す．また，集合 X の元 x で条件 P を満たすものの集りを

$$\{x \in X \mid P\}$$

とも表す．例えば，

$$Y = \{x \in \boldsymbol{R} \mid x^2 - 5x + 6 = 0\}$$

[†] 第1章以降では集合を空間と考えるので，集合の元または要素を点とよぶことが多い．

であれば，$Y=\{2,3\}$ である．

さらに，要素をまったく含まない集合を**空集合**(empty set) といい，$\emptyset$ で表す[†]．

集合 A の各元が集合 B に含まれているとき，A を B の**部分集合**(subset) といい，$A \subseteq B$ と表す．とくに $A \neq B$ であるとき $A \subset B$ とも表し，A を B の**真部分集合**という．$A \subseteq B$ であり，かつ $B \subseteq A$ であるとき，$A=B$，すなわち A と B とはまったく同じ元からなる集合である．

集合 A, B が与えられたとき，A の元と B の元全体からなる集合を A と B の**和集合**(union) といい，$A \cup B$ と表す(図 0.1)．すなわち，
$$A \cup B = \{x \mid x \in A \text{ または } x \in B\}.$$

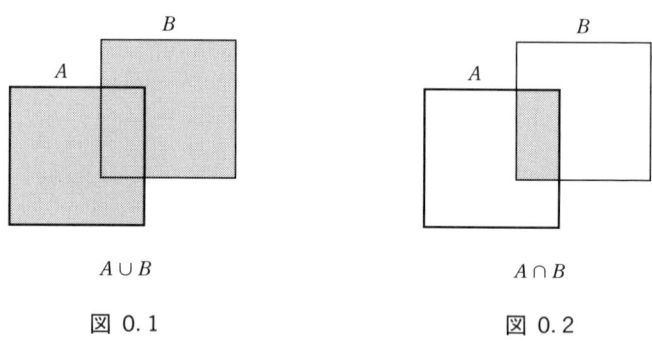

図 0.1　　　　　　　　　　図 0.2

また，集合 A と B とに共通に含まれている元全体からなる集合を A と B の**共通集合**(intersection)（または**積集合**(product set)）といい，$A \cap B$ と表す(図 0.2)．すなわち，
$$A \cap B = \{x \mid x \in A \text{ かつ } x \in B\}.$$
ここで $A \cap B = \emptyset$ であるとき，すなわち A, B が共通な元をもたないとき，A と B とは**互いに素**(disjoint) であるという．

集合の和および積に関して以下の式がなりたつ．

$$A \cup (B \cup C) = (A \cup B) \cup C,$$
$$A \cap (B \cap C) = (A \cap B) \cap C,$$

[†] 空集合は，どちらかといえば便宜的に導入された概念である．空集合はただ一つしかないことを注意しておく．

$$A \cup (B \cap C) = (A \cup B) \cap (A \cup C),$$
$$A \cap (B \cup C) = (A \cap B) \cup (A \cap C).$$

また，A に含まれ，B に含まれていない元の集合を，A と B の**差集合**(difference set)といい $A-B$ と表す(図 0.3)．すなわち，
$$A - B = \{x \mid x \in A \ \text{かつ} \ x \notin B\}.$$

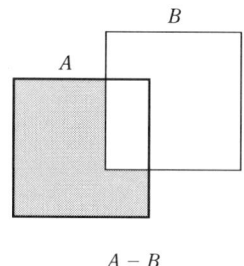

$A - B$

図 0.3

なお，集合 X が固定されているとき，$X - A = c(A)$ とも表し，$c(A)$ を A の(X に関する)**補集合**(complement)という．ここで，A, B を X の部分集合とするとき，**ド・モルガン**(De Morgan)**の式**

$$c(A \cup B) = c(A) \cap c(B),$$
$$c(A \cap B) = c(A) \cup c(B)$$

がなりたつ．

集合 X の部分集合を元とする集合を**集合族**(family)という．例えば，$\varepsilon > 0$ を定数とするとき，任意の実数 a に対して
$$N_a = \{x \in R \mid a - \varepsilon < x < a + \varepsilon\}$$
とすれば，N_a の集りは R をパラメーターとする集合族であり，
$$\{N_a \mid a \in R\}, \quad \text{または} \quad \{N_a\}_{a \in R}$$
と表す．ここで，$\{A_\lambda \mid \lambda \in \Gamma\}$ を集合族とするとき，それらの和集合，共通集合をそれぞれ
$$\bigcup_{\lambda \in \Gamma} A_\lambda = \{x \mid \text{ある} \ \lambda \in \Gamma \ \text{が存在して}, \ x \in A_\lambda\},$$
$$\bigcap_{\lambda \in \Gamma} A_\lambda = \{x \mid \text{すべての} \ \lambda \in \Gamma \ \text{に対して}, \ x \in A_\lambda\}$$

によって定義する.

集合 X と集合 Y が与えられたとき, X の元 x と Y の元 y の順序づけられた対 (x, y) からなる集合を $X \times Y$ と表す. すなわち,
$$X \times Y = \{(x, y) \mid x \in X, \ y \in Y\}$$
である. 順序づけられた対については, $(x, y) = (x_1, y_1)$ は $x = x_1, y = y_1$ であるとき, かつそのときに限りなりたつ.

写像について　X, Y を2つの集合とする. X の各元 x に Y の元 y を対応させる対応 f を X から Y への**写像**(map)といい, $f : X \longrightarrow Y$ と表し, x が y に対応していることを $y = f(x)$ と表す. 本書では対応, 写像(または関数)は同じことを意味するものとする. また, A を X の部分集合とするとき,
$$f(A) = \{f(x) \in Y \mid x \in A\}$$
を A の**像**(image)という. $f(X) = Y$ であるとき, f を X から Y の**上への写像**(onto map)(または**全射**(surjection))という. さらに, B を Y の部分集合とするとき,
$$f^{-1}(B) = \{x \in X \mid f(x) \in B\}$$
を B の**逆像**(inverse map)という.

写像 $f : X \longrightarrow Y$ において, X の異なる元 x, x' に対して $f(x) \neq f(x')$ であるとき, f を**1対1対応**(one to one map)(または**単射**(injection))であるという. f が全射であり, かつ単射であるとき, f を X から Y の**上への1対1対応**または**全単射**(bijection)であるという. このとき, $y \in Y$ に対して $f^{-1}(y)$ は X のただ一つの元であるので, f の逆写像 $f^{-1} : Y \longrightarrow X$ が定義できる.

$f : X \longrightarrow Y$ とし, A を X の部分集合とするとき, $x \in A$ に対して $F(x) = f(x)$ と定義すれば, 写像 $F : A \longrightarrow Y$ が得られる. ここで $F = f|A$ と表し, $f|A$ を f の A への**制限**という. また $f : A \longrightarrow Y$ とし, A が X の部分集合であるとき, $\bar{f}|A = f$ であるような $\bar{f} : X \longrightarrow Y$ が存在するならば, $\bar{f}$ を f の X の上への**拡張**という.

$f : X \longrightarrow Y$ において, すべての $x, y \in X$ に対して $f(x) = f(y)$, すなわち $f(X)$ がただ一つの点であるとき, f を**定値写像**(constant map)という. また $f : X \longrightarrow X$ において, すべての $x \in X$ に対して $f(x) = x$ であるとき, f を X の**恒等写像**(identity map)であるといい, $f = \mathrm{id}_X$ と表す.

写像 $f: X \longrightarrow Y$ と $g: Y \longrightarrow Z$ が与えられたとき，$x \in X$ に対して $g(f(x)) \in Z$ であるので，このことを
$$g \circ f(x) = g(f(x))$$
と定義し，$g \circ f: X \longrightarrow Z$ を f と g の **合成写像**(composition map)という．

集合の濃度について　　自然数全体の集合 N は無限集合である．また偶数全体の集合 $2N$ も無限集合であり，$n \longrightarrow 2n$ なる対応は N から $2N$ の上への1対1対応(全単射)である．また有理数全体の集合 Q も無限集合であり，N から Q の上への1対1対応が存在する(練習問題).

一般に，自然数全体の集合 N との間に1対1対応が存在する集合を **可算集合**(countable set)という．

実数全体の集合 R も無限集合であるが，N から R の上への1対1対応は存在しない．以下このことを証明するが，この事実は，無限集合でも1対1対応の概念によって分類が可能であることを意味する．

定理 0.1　任意の集合 X とそのすべての部分集合の集合(空集合を含む)の間には全単射は存在しない．

証明　集合 X のすべての部分集合の集合を 2^X と表す．X から，2^X への全単射 $f: X \longrightarrow 2^X$ が存在するとして矛盾を導く．
$$A = \{x \in X \mid x \notin f(x)\}$$
とすれば，A は X の部分集合なので，X の元の a で $f(a) = A$ を満たすものが存在する．定義より
$$a \in f(a) \text{ であれば，} a \notin A = f(a),$$
$$a \notin f(a) \text{ であれば，} a \in A = f(a)$$
なる矛盾が導びかれる．　　□

定理 0.2 (Bernstein)　集合 A から集合 B への単射 f，B から A への単射 g が存在するとき，A から B への全単射 h が存在する．

証明　$C_0 = A - g(B)$，$C_n = g(f(C_{n-1}))$ ($n = 1, 2, 3, \cdots$) によって，C_n を帰納的に定義する．なお，C_0 は A の元で g による B の像ではない点の集合である．

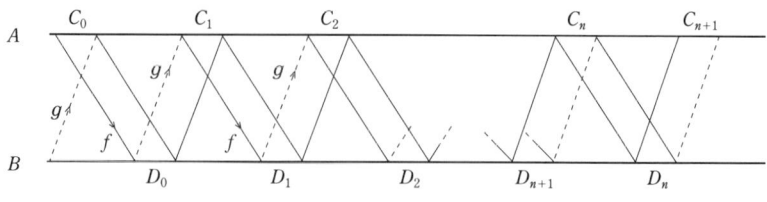

図 0.4

ここで, $h: A \longrightarrow B$ を以下のようにして定義する.
1) ある n に対して $x \in C_n$ であるとき, $h(x)=f(x)$,
2) すべての n に対して $x \notin C_n$ であるとき, $h(x)=g^{-1}(x)$.

まず, h が単射であることを証明する. $x, x' \in A$ とすれば, f も g^{-1} も単射であるので, 例えば, $x \in \bigcup_{n=1}^{\infty} C_n$ かつ $x' \notin \bigcup_{n=1}^{\infty} C_n$ のとき, $h(x) \neq h(x')$ を証明する. ここで, $D_n=f(C_n)$ とする. $h(x)=h(x')$ とすると
$$g^{-1}(x')=h(x')=h(x)=f(x) \in \bigcup_{n=1}^{\infty} D_n.$$
ゆえに $x' \in \bigcup_{n=1}^{\infty} C_n$ となり矛盾.

次に h が全射であることを証明する. $D_n \subseteqq h(A)$ であるので, $y \in B - \bigcup_{n=1}^{\infty} D_n$ とする. $g(y) \notin C_0$ であり, すべての n ($\geqq 1$) について $g(y) \notin C_n$ であるので,
$$h(g(y))=g^{-1}(g(y))=y.$$
ゆえに $y \in h(A)$, よって h は全射である.

したがって, h が全単射であることが証明された. □

集合 X, Y について, X から Y への単射は存在するが, Y から X への単射は存在しないとき, X は Y より**濃度**(cardinal number)**が小さい**, または Y は X より**濃度が大きい**という. 上記の部分集合に関する定理は, 集合 X の濃度はその部分集合の集合 2^X の濃度より小さい, ということをいっている.

定理 0.2 により, 任意の閉区間(1 点ではない)と開区間とは同じ濃度をもつことが容易にわかる. また任意の開区間は, 実数の集合 $\boldsymbol{R}$ と同じ濃度をもつ. 以下, 自然数の集合 $\boldsymbol{N}$ が閉区間 $[0, 1]$ より小さい濃度をもつことを証明しよう.

証明 まず N から I への単射が存在することは明らかである．例えば，$h: N \to I$, $h(n) = \dfrac{1}{n}$ とすればよい．

集合 2^N は自然数の集合 N の部分集合の集りであるので，その元は数字 0 と数字 1 の無限数列によって表現される．N の部分集合 A は，この無限数列の n 番目の数字が 0 であるとき n は A に含まれているとし，n 番目の数字が 1 であるとき n は A に含まれていないと定義する．

この 0 と 1 の無限数列を，区間 $[0,1]$ の数の小数点以下の数字を 3 進法で表したものと考えれば，この対応 f は 2^N から $[0,1]$ への単射である．また閉区間 $[0,1]$ の数を 2 進法で表し，その小数点以下の数列を考えれば，$[0,1]$ から 2^N への単射 g が得られる．

ここで，例えば $[0,1]$ においては，$0.1000\cdots$ と $0.0111\cdots$ とは同じ数を表す．このような場合つねに前者の $0.1000\cdots$ のような表現をとることとすれば，$0.1000\cdots$ は対応 g によって集合 $\{2,3,4,\cdots\}$ に対応するが，$0.0111\cdots$ は集合 $\{1\}$ を表す．ただし $0.0111\cdots$ は $[0,1]$ の元と考えていないので，g は単射であるが全単射ではない．

上記の 2 つの対応 f と g とを合せて，定理 0.2 により，2^N と $[0,1]$ とは同じ濃度をもつ．ここで，N の濃度は 2^N の濃度より小さいので，N の濃度は閉区間 $[0,1]$ の濃度，すなわち R の濃度より小さい． □

練習問題

1. $\langle x, y \rangle = \{\{x\}, \{x, y\}\}$ とすれば，$\langle x, y \rangle = \langle x_1, y_1 \rangle$ は $x = x_1, y = y_1$ であるとき，かつそのときに限りなりたつことを証明せよ[†]．
2. n 個の元からなる集合の部分集合 2^X の元の個数は 2^n であることを証明せよ．
3. 閉区間 I と正方形 I^2 の間には全単射が存在することを証明せよ．
   [注意：I から I^2 への単射が存在することは明らかである．$(a,b) \in I^2$ とし，$a = 0.a_1 a_2 a_3 \cdots$, $b = 0.b_1 b_2 b_3 \cdots$ と 10 進法で表し（ただし $0.01000\cdots = 0.00999\cdots$ とする），
   $$f(a,b) = 0.a_1 b_1 a_2 b_2 a_3 b_3 \cdots$$
   とすれば，I^2 から I への単射が得られる（全単射ではないことに注意せよ）．]

[†] このようにして，順序づけられた対という概念は集合を使って定義できる．

1 位相空間

1-1 距離空間

位相とは何かをわかりやすく説明するために，まず距離空間の概念を導入し，距離空間における位相について述べる．伝統的な方法であり，それがもっとも適切であると思われる．

距離空間とは，距離が定義されている空間であることを意味するが，その距離は以下の条件を満たしていなければならない．

定義 X を点集合(空間)とし，その任意の2点 x, y に対して実数 $d(x, y)$ $\geqq 0$ が定義され，以下の(i)-(iii)の条件を満たしているとする．

(i) $d(x, y) = 0$ となるのは $x = y$ のとき，かつそのときに限る．
$$(d(x, y) = 0 \Longleftrightarrow x = y)$$

(ii) $d(x, y) = d(y, x)$ (距離の対称性)

(iii) x, y, z を X の3点とするとき，
$$d(x, y) + d(y, z) \geqq d(x, z). \quad (三角不等式)$$

このとき，$d(x, y)$ を x から y への**距離**(metric)といい，$d(x, y)$ を関数としてみたとき**距離関数**(metric function)という．さらに，X は**距離空間**(metric space)とよばれる(距離空間 X は正確には (X, d) と表示される)．

例 1 実数全体の集合 $\boldsymbol{R}$ において，任意の2点 x, y に対して，
$$d(x, y) = |y - x|$$

とおく．このように定義された距離 $d(x,y)$ は，上記の条件 (i), (ii), (iii) を満たす．以下，本書ではこのように，距離 $d(x,y)$ が定義された実数の距離空間 $(\boldsymbol{R}, d)$ を単に $\boldsymbol{R}$ で表し，**実数の集合**という．

例 2 n 次元ユークリッド空間 $\boldsymbol{R}^n$ において，任意の 2 点 $x=(x_1, x_2, \cdots, x_n)$, $y=(y_1, y_2, \cdots, y_n)$ に対して

$$d(x,y) = \left\{ \sum_{i=1}^{n} (y_i - x_i)^2 \right\}^{\frac{1}{2}}$$

とおく．このように定義された距離 $d(x,y)$ は上記の条件 (i)-(iii) を満たすので，$(\boldsymbol{R}^n, d)$ は距離空間である．

この例によって定義される距離は，普通の幾何学において定義されている距離であり，距離空間の距離は，このユークリッド空間 $\boldsymbol{R}^n$ における距離の概念を抽象化したものであるといえる．

例 3 閉区間 $[0,1]$ 上で定義され，実数値をとるすべての連続関数の集合を $\mathscr{C}$ とする．任意の $f, g \in \mathscr{C}$ に対して

$$d(f, g) = \underset{x \in [0,1]}{\mathrm{Max}} |f(x) - g(x)|$$

と定義すれば，$(\mathscr{C}, d)$ は距離空間である．この例は，連続関数の集合 $\mathscr{C}$ に距離が定義されるので，$\mathscr{C}$ の性質を普通の幾何学と同じ用語をもって記述することができる可能性を示している．

例 4 任意に与えられた集合 X は，その任意の 2 点 x, y に対して

$$d(x, y) = \begin{cases} 1 & (x \neq y) \\ 0 & (x = y) \end{cases}$$

と定義すれば，距離空間 (X, d) となる．とくに X が n 個の点からなるとき，**n 点空間**という．実数の集合に対しても，このような距離を与えた空間も考えることができる．ただしこのような距離空間は，上記の例 1 で考えた実数の距離空間 $\boldsymbol{R}$ とはまったく別のものである．

例 5 一般に (X, d) が距離空間であれば，その任意の 2 点 x, y に対し

$$d_a(x, y) = \frac{1}{a} d(x, y) \quad (\text{ただし } a > 0)$$

と定義すれば．(X, d_a) もまた (別の) 距離空間である．

1-1 距離空間

例6 (X, d) を距離空間, Y を X の部分集合とし, Y の任意の2点 x, y に対し

$$d_Y(x, y) = d(x, y)$$

と定義すれば, (Y, d_Y) も距離空間である. (Y, d_Y) は (X, d) の**部分距離空間** (metric subspace) とよばれる.

実数の集合 $\boldsymbol{R}$ 上での数列の収束, すなわち数列 $a_1, a_2, \cdots, a_n$ が実数 a に収束するとは,

「任意の実数 $\varepsilon > 0$ に対してある自然数 N が存在して, $n > N$ なるすべての自然数 n について $|a_n - a| < \varepsilon$ がなりたつ」

ことを意味する. この数列の定義は, $|a_n - a|$ が例1の距離空間 $(\boldsymbol{R}, d)$ における距離 $d(a, a_n)$ であることに注目すれば, 一般の距離空間での点列の収束にそのまま拡張される.

定義 距離空間 (X, d) において点列 $p_1, p_2, \cdots, p_n$ が点 p に**収束する**とは, 任意の $\varepsilon > 0$ に対してある自然数 N が存在して, $n > N$ なるすべての自然数 n について

$$d(p, p_n) < \varepsilon$$

がなりたつことである. ∎

また, 例3の閉区間 $[0, 1]$ 上で定義された実数値をとるすべての連続関数のつくる距離空間 $(\mathscr{C}, d)$ において, 関数列 $f_1, f_2, \cdots, f_n, \cdots$ が関数 f に収束するとは,

「任意の実数 $\varepsilon > 0$ に対してある自然数 N が存在して, $n > N$ なるすべての自然数 n について $d(f, f_n) < \varepsilon$ がなりたつ」

ことを意味する. ここで $d(f, f_n) < \varepsilon$ は, すべての $x \in [0, 1]$ に対して $|f_n(x) - f(x)| < \varepsilon$ なることを意味する. したがって, この距離空間 $(\mathscr{C}, d)$ で関数列 $f_1, f_2, \cdots, f_n, \cdots$ が関数 f に収束することは, 解析学でいうところの, 関数列 $\{f_n\}$ が f に "一様収束" していることを意味する.

例3の連続関数の集合 $\mathscr{C}$ に距離を導入する方法はいく通りもあり, その導入の方法によって関数列 $\{f_n\}$ の収束の様子も変わってくる. ただしこのような事柄は本書ではこれ以上深入りしないことにしよう.

次に定義する ε-近傍は, 位相の直接の研究対象ではないが, 研究手段とし

定義 (X, d) を距離空間, p を X 上の点, $\varepsilon > 0$ とするとき, p からの距離が ε より小さい X の点の集りを p の **ε-近傍**(ε-neighbourhood)(または p の半径 ε の**開球**(open ball))とよび, $U_\varepsilon(p)$ と表す. すなわち,
$$U_\varepsilon(p) = \{x \in X \mid d(p, x) < \varepsilon\}.$$

ε-近傍という概念を使えば, 点列 $p_1, p_2, \cdots, p_n, \cdots$ が点 p に収束することは,
「任意の実数 $\varepsilon > 0$ に対してある自然数 N が存在して, $n > N$ なるすべての自然数 n について $p_n \in U_\varepsilon(p)$ がなりたつ」
と表現することができる.

次に述べる開集合という概念は, 位相の研究において基本的な役割をしめる研究対象である.

定義 (X, d) を距離空間, $O \subseteq X$ とする. このとき, すべての $p \in O$ に対して $\varepsilon > 0$ (ε は p に関係する)が存在して, $U_\varepsilon(p) \subseteq O$ がなりたつならば, O を**開集合**(open set)とよぶ.

例 7 距離空間 (X, d) において, 空間 X は開集合である. 空集合 $\emptyset$ も開集合である.

例 8 実数の集合 $\boldsymbol{R}$ において, 開区間 $(0, 1)$ は開集合であり, $[0, 1)$, $(0, 1]$, $[0, 1]$ は開集合ではない.

定理 1.1 (X, d) を距離空間, p を X 上の点, $\varepsilon > 0$ とする. このとき, p の ε-近傍 $U_\varepsilon(p)$ は開集合である.

証明 $q \in U_\varepsilon(p)$ とすれば, $d(p, q) < \varepsilon$. いま, $0 < \delta \leq \varepsilon - d(p, q)$ であるように δ を選ぶと. $d(q, r) < \delta$ を満たすすべての r について
$$d(p, r) \leq d(p, q) + d(q, r)$$
$$< d(p, q) + \delta$$
$$\leq d(p, q) + \varepsilon - d(p, q) = \varepsilon$$
がなりたつ. したがって $r \in U_\varepsilon(p)$ であり, $U_\delta(q) \subseteq U_\varepsilon(p)$ がなりたつ. このことは $U_\varepsilon(p)$ が開集合であることを意味している. □

1-1 距離空間

定理 1.2 距離空間 (X, d) の開集合は次の性質をもつ.
(1) $X, \emptyset$ は開集合である.
(2) O_1, O_2 を開集合とするとき, 共通集合 $O_1 \cap O_2$ も開集合である.
(したがって $O_1, O_2, \cdots, O_n$ が開集合であれば $O_1 \cap O_2 \cap \cdots \cap O_n$ も開集合である.)
(3) $\{O_\alpha\}_{\alpha \in \Gamma}$ を開集合の集合族とするとき, その和集合 $\bigcup_{\alpha \in \Gamma} O_\alpha$ もまた開集合である.

証明 (1) 例7で述べた.
(2) $p \in O_1 \cap O_2$ とすれば $p \in O_1$ かつ $p \in O_2$ である. したがって $U_{\varepsilon_1}(p) \subseteq O_1$, $U_{\varepsilon_2}(p) \subseteq O_2$ を満たす $\varepsilon_1 > 0$, $\varepsilon_2 > 0$ が存在する. ここで $\varepsilon = \min(\varepsilon_1, \varepsilon_2)$ とすれば, $\varepsilon > 0$ であり, $U_\varepsilon(p) \subseteq O_1$, $U_\varepsilon(p) \subseteq O_2$ がなりたつ. すなわち, $U_\varepsilon(p) \subseteq O_1 \cap O_2$. したがって $O_1 \cap O_2$ は開集合である.
(3) $p \in \bigcup_{\alpha \in \Gamma} O_\alpha$ とすれば, ある α_0 が存在して $p \in O_{\alpha_0}$. したがって, ある $\varepsilon > 0$ が存在して $U_\varepsilon(p) \subseteq U_{\alpha_0}$. これより, $U_\varepsilon(p) \subseteq \bigcup_{\alpha \in \Gamma} O_\alpha$ が結論される. □

練習問題

1. 例2において定義された空間 $(\boldsymbol{R}^n, d)$ が距離空間であることを証明せよ.
2. 例3において定義された空間 $(\mathscr{C}, d)$ が距離空間であることを証明せよ.
3. 例4において定義された空間 (X, d) が距離空間であることを証明せよ.
4. 次の関数は $\boldsymbol{R}$ 上の距離関数となるか.
   (1) $f(x, y) = |x^2 - y^2|$
   (2) $f(x, y) = |x^3 - y^3|$
5. 次の関数は $\boldsymbol{R} - \{0\}$ 上の距離関数となるか.
$$d(x, y) = \left| \frac{1}{x} - \frac{1}{y} \right|$$
6. 距離空間 (X, d) において
$$d'(x, y) = \frac{d(x, y)}{1 + d(x, y)}$$
とすれば, (X, d') も距離空間であることを証明せよ.

1-2 位相空間

前節では,ユークリッド空間内での距離の性質をモデルとして距離を定義し,それによって開集合を定義し,距離空間での開集合の性質を調べた.したがって,このような開集合の性質はユークリッド空間のみならず,より多くの空間(距離空間)でなりたつ性質である.後に述べるように,距離そのものよりも開集合が位相の基本的な概念であるので,距離空間でなくとも,前節に述べた開集合の性質を満たすように開集合が定義されている空間であれば,位相の研究の対象となる.したがって,より一般化して,われわれの研究の対象となる空間(位相空間)はそのような空間として定義される.

定義 X を集合とし,$\mathscr{T}$ を X の部分集合族とする.さらに $\mathscr{T}$ は以下の条件(i)-(iii)を満たしているとする.
(i) X と $\emptyset$ は $\mathscr{T}$ に属する.
(ii) O_1 と O_2 が $\mathscr{T}$ に属するときは,共通集合 $O_1 \cap O_2$ も $\mathscr{T}$ に属する.
(したがって,$O_1, O_2, \cdots, O_n$ が $\mathscr{T}$ に属するときは,$O_1 \cap O_2 \cap \cdots \cap O_n$ も $\mathscr{T}$ に属する.)
(iii) $\{O_\alpha\}_{\alpha \in \Gamma}$ を $\mathscr{T}$ に属する集合の集合族とすれば,$\bigcup_{\alpha \in \Gamma} O_\alpha$ も $\mathscr{T}$ に属する.

このとき $(X, \mathscr{T})$ を**位相空間**(topological space)とよび,$\mathscr{T}$ に属する集合を**開集合**(open set)とよぶ.混乱を起こすことがない場合は,位相空間 $(X, \mathscr{T})$ を単に位相空間 X という. ∎

定理1.2により,すべての距離空間は位相空間である.まず,位相空間の極端な例を2つあげる.

例9 X を任意の集合とし,$\mathscr{T}_0$ を X のすべての部分集合の集合族とすれば,$(X, \mathscr{T}_0)$ は位相空間である.

距離空間の例4では,すべての部分集合は開集合であるので,このような距離空間は位相空間 $(X, \mathscr{T}_0)$ となる(**離散空間**(discrete space)とよばれる).この場合,2点 x, y の距離を $d(x, y) = 1$ ($x \neq y$) とせず,他の実数 $a > 0$ をとって $d(x, y) = a$ ($x \neq y$) としても開集合族 $\mathscr{T}_0$ は変わらない.このことは,開集合の研究において距離自身が研究の対象となるのではなく,距離は研究の手段であることを示している.

1-2 位相空間

例 10 X を少なくとも 2 点を含む集合とし，$\mathcal{T}_1$ は 2 つの集合 X と $\emptyset$ とだけからなるものとする．このとき，$(X, \mathcal{T}_1)$ は位相空間である（**密着空間**（indiscrete space）とよばれる）．X にどのように距離関数 d を定義しても，(X, d) の開集合の集まりが X と $\emptyset$ だけからなるようにすることはできない．（$x, y \in X$ とし，$d(x, y) = a$ とするとき，$U_{\frac{a}{2}}(x)$ は x を含み y を含まない開集合である．）

例 11 $X = \{a, b\}$ とし，$\mathcal{T}_2 = \{X, \{a\}, \emptyset\}$ とすれば，$(X, \mathcal{T}_2)$ は位相空間である．

例10，例11は，位相の研究の対象を距離空間から位相空間に拡張した場合，研究の対象を非常に広く拡張したことを示している．位相空間について学ぶ場合，われわれは，一応ユークリッド空間内の部分集合のように目に見えるような集合について考えているが，論理的にはこれらの奇妙な空間でも成立していることを学んでいることを忘れてはならない．

定義 $(X, \mathcal{T})$ を位相空間とし，C をその部分集合とする．もし C の補集合 $X - C$ が開集合であれば，C は**閉集合**（closed set）とよばれる． ∎

例 12 実数の集合 $\boldsymbol{R}$ において，閉区間 $[0, 1]$ は閉集合であって開集合ではない．開区間 $(0, 1)$ は開集合ではあるが閉集合ではない．（半開）区間 $[0, 1)$ および $(0, 1]$ は閉集合でもなく開集合でもない．

例 13 位相空間 $(X, \mathcal{T})$ において，X と $\emptyset$ とはいずれも閉集合であり，開集合でもある．

閉集合を以上のように定義すれば，それは開集合に付随しただけの概念のようにみえるが，後にみるように，閉集合自身も位相の研究において基本的な概念の一つである．

定理 1.3 $(X, \mathcal{T})$ を位相空間とする．この空間において，閉集合は次の性質をもつ．
(1) X と $\emptyset$ は閉集合である．
(2) C_1, C_2 を閉集合とする．このとき，和集合 $C_1 \cup C_2$ も閉集合である．（したがって，$C_1, C_2, \cdots, C_n$ が閉集合であれば $C_1 \cup C_2 \cup \cdots \cup C_n$

（3） $\{C_\alpha\}_{\alpha \in \Gamma}$ を閉集合の集合族とすれば，$\bigcap_{\alpha \in \Gamma} C_\alpha$ も閉集合である．

証明 閉集合が開集合の補集合であることと，開集合の性質（定理 1.1）から容易にわかる． □

次に閉集合を使って閉包を定義する．

定義 $(X, \mathscr{T})$ を位相空間，A を X の部分集合とする．このとき A を含む最小の閉集合を A の**閉包**(closure)といい，$\overline{A}$ で表す．

閉集合 F が A を含む最小の閉集合であるとは，もし閉集合 C が A を含むならば $F \subseteq C$ がなりたつことを意味する．

ここで，$\{C_\alpha\}_{\alpha \in \Gamma}$ を A を含むすべての閉集合の集合族とすれば，$\bigcap_{\alpha \in \Gamma} C_\alpha$ も閉集合であり，それは A を含む最小の閉集合である．（空間 X は A を含む閉集合であるので，$\{C_\alpha\}_{\alpha \in \Gamma}$ は空な集合族ではない．）

例 14 実数の集合 $\boldsymbol{R}$ において，$[0,1]$，$(0,1]$，$[0,1)$，$(0,1)$ の閉包はいずれも $[0,1]$ である．

例 15 例 11 の空間において，$\overline{\{a\}} = X$，$\overline{\{b\}} = \{b\}$ である．

定理 1.4 $(X, \mathscr{T})$ を位相空間，A を X の部分集合とすれば，A が閉集合であるための必要十分条件は $\overline{A} = A$ であることである．

定理 1.5 位相空間 $(X, \mathscr{T})$ において閉包をとるという操作は，次の性質をもつ．A, B を X の部分集合とするとき，
（1） $A \subseteq \overline{A}$．
（2） $\overline{A \cup B} = \overline{A} \cup \overline{B}$．
（3） $\overline{\overline{A}} = \overline{A}$．
（4） $\overline{\emptyset} = \emptyset$，$\overline{X} = X$．

証明 (1), (3), (4) は閉包の定義と上述の定理 1.4 より明らかである．
(2) を証明しよう．$A \subseteq A \cup B$，$B \subseteq A \cup B$ であるから，$\overline{A} \subseteq \overline{A \cup B}$，$\overline{B} \subseteq$

$\overline{A \cup B}$. よって $\overline{A} \cup \overline{B} \subseteq \overline{A \cup B}$ は明らかである. 一方 $A \cup B \subseteq \overline{A} \cup \overline{B}$ より, $\overline{A} \cup \overline{B}$ は $A \cup B$ を含む閉集合であるので, $\overline{A \cup B} \subseteq \overline{A} \cup \overline{B}$ がなりたつ. ゆえに, $\overline{A \cup B} = \overline{A} \cup \overline{B}$ である. □

閉集合を使って閉包を定義したのと同様にして, 開集合を使って集合の内部 (または開核) が定義される.

定義 $(X, \mathcal{T})$ を位相空間, A をその部分集合とする. このとき A に含まれる最大の開集合を A の**内部** (interior) (または**開核**) といい, Int A と表す. ■

$\{O_\alpha\}_{\alpha \in \Gamma}$ を A に含まれるすべての開集合の集合族とすれば, $\bigcup_{\alpha \in \Gamma} O_\alpha$ も開集合であり, それは A に含まれる最大の開集合である. したがって, 次の定理が得られる.

定理 1.6 $(X, \mathcal{T})$ を位相空間, A をその部分集合とする. このとき,
$$\text{Int } A = X - \overline{X - A}, \quad \text{または} \quad \overline{A} = X - \text{Int}(X - A)$$
がなりたつ.

証明 明らか. □

定理 1.7 $(X, \mathcal{T})$ を位相空間, A をその部分集合とする. A が開集合であるための必要十分条件は, Int $A = A$ であることである.

定理 1.8 位相空間 $(X, \mathcal{T})$ において, ある集合の内部をとるという操作は次の性質をもつ.
(1) Int $A \subseteq A$.
(2) Int$(A \cap B) =$ Int $A \cap$ Int B.
(3) Int(Int A) = Int A.
(4) Int $\emptyset = \emptyset$,   Int $X = X$.

証明 定理 1.5, 定理 1.6 より明らかである. □

定理 1.9 $(X, \mathscr{T})$ を位相空間, A をその部分集合とすれば,
$$X-(\operatorname{Int} A \cup \operatorname{Int}(X-A))=\overline{A} \cap \overline{X-A}$$
がなりたつ.

証明 $X-(\operatorname{Int} A \cup \operatorname{Int}(X-A))=(X-\operatorname{Int} A) \cap (X-\operatorname{Int}(X-A))$
$$=\overline{X-A} \cap \overline{A}. \qquad \square$$

定義 $(X, \mathscr{T})$ を位相空間, A をその部分集合とする. このとき $\overline{A} \cap \overline{X-A}$ で定義される集合を A の**境界**(boundary)とよび, $\operatorname{Bdry} A$ で表す.

定理 1.10 (1) $\operatorname{Bdry} A = \operatorname{Bdry}(X-A)$
(2) $\operatorname{Bdry} A$ は閉集合である.

例 16 実数の集合 $\boldsymbol{R}$ において,
$$\operatorname{Bdry}[0,1]=\operatorname{Bdry}(0,1)=\{0\} \cup \{1\}.$$
また, 例 11 の空間では,
$$\operatorname{Bdry}\{a\}=\operatorname{Bdry}\{b\}=\{b\}$$
である.

距離空間 (X, d) の部分集合は, X で定義されている距離を使って X の部分距離空間と考えることができた. 同様に, 位相空間 $(X, \mathscr{T})$ の部分集合 A は, X で定義されている開集合を使って部分位相空間と考えることができる.

定理 1.11 $(X, \mathscr{T})$ を位相空間, $\mathscr{T}_A = \{A \cap O\}_{O \in \mathscr{T}}$ とすれば, $(A, \mathscr{T}_A)$ は位相空間である.

証明 定義より明らか. $\square$

定義 上記のように定義された位相空間 $(A, \mathscr{T}_A)$ は, 位相空間 $(X, \mathscr{T})$ の**部分位相空間**(topological subspace)とよばれる.

したがって, A の部分集合 O' が A での開集合であるための必要十分条件は, X での開集合 O が存在して $O'=A \cap O$ がなりたつことである. 同様にして, A の部分集合 C' が A での閉集合であるための必要十分条件は, X で

1-3 近傍系   19

の閉集合 C が存在して $C' = A \cap C$ がなりたつことである．

例 17 実数の集合 R を平面 R^2 の x 軸に対応させて考える．$O=\{(x,y) \mid x^2+y^2<1\}$ とすれば，O は R^2 での開集合であり，$R \cap O$ は開区間 $(-1,1)$ である．$(-1,1)$ は R での開集合であり，R は R^2 の部分空間である．開区間 $(-1,1)$ は平面 R^2 では開集合ではないことに注意せよ．

練習問題

1. $X=R$ とし，$\mathscr{T}$ は $\emptyset, X$ および X から有限個の点を除いた集合，すなわち，
$$\mathscr{T} = \{\emptyset, X\} \cup \{u \mid X-u \text{ は有限集合}\}$$
とする．このとき $(X, \mathscr{T})$ は位相空間であることを証明せよ．

2. $X=R$ とし，任意の実数 a に対して $O(a)=\{x \mid x>a\}$ とする．このとき，
$$\mathscr{T} = \{\emptyset, R\} \cup \{O(a)\}_{a \in R}$$
とすれば，$(R, \mathscr{T})$ は位相空間であることを証明せよ．また，この位相空間において $\overline{[0,1]}$, Int $[0,1]$, および Bdry $[0,1]$ を求めよ．

3. 位相空間 X の任意の部分集合 A に対して
$$\overline{A} = A^a, \quad X-A = A^c$$
と表すとき，
$$A^{acacacac} = A^{acac}, \quad A^{cacacaca} = A^{caca}$$
であることを証明せよ．

1-3 近傍系

次の定理は，ある点が部分集合の閉包に属しているための条件を開集合の概念を使って述べている．

定理 1.12 $(X, \mathscr{T})$ を位相空間，A を X の部分集合とする．点 p が A の閉包 $\overline{A}$ に属するための必要十分条件は，p を含むすべての開集合 O について $O \cap A \neq \emptyset$ がなりたつことである．

証明 いま $p \notin \overline{A}$ であれば，$p \in \text{Int}(X-A)$．$\text{Int}(X-A)$ は開集合であり，$A \cap \text{Int}(X-A) = \emptyset$．ゆえに，$p$ を含むすべての開集合 O について $O \cap A \neq \emptyset$ なることはなりたたない．逆に，p を含むある開集合 O が存在して $O \cap A = \emptyset$ であれば，$p \in O \subset X-A$．ゆえに，$p \in \text{Int}(X-A)$ であり，$p \notin \overline{A}$ である．   □

同様にして，ある点が部分集合 A の内部に属することも，開集合の概念を使って次のように述べることができる．

> **定理 1.13** X を位相空間，A をその部分集合とする．ある点 p が A の内部に属するための必要十分条件は，p を含み A に含まれる開集合 O が存在することである．

証明 Int A は A に含まれる最大の開集合である．したがって，p を含み A に含まれる開集合 O が存在するとすれば，$O \subseteqq \mathrm{Int}\,A$ より $p \in \mathrm{Int}\,A$ がなりたつ．逆に，$p \in \mathrm{Int}\,A$ であれば，Int A は p を含み A に含まれる開集合である． □

以上をまとめて次のことがなりたつことがわかる．

> **定理 1.14**
> $$\begin{cases} p \in \mathrm{Int}(X-A) \iff p \text{ を含み } A \text{ と交わらない開集合 } O \text{ が存在する．} \\ p \in \mathrm{Int}\,A \iff p \text{ を含み } X-A \text{ と交わらない開集合 } O \text{ が存在する．} \\ p \in \mathrm{Bdry}\,A \iff p \text{ を含む任意の開集合 } O \text{ について，} O \cap A \neq \emptyset, \\ \qquad\qquad\qquad\qquad O \cap (X-A) \neq \emptyset \text{ がなりたつ．} \end{cases}$$
> さらに，
> $$X = \mathrm{Int}\,A \cup \mathrm{Bdry}\,A \cup \mathrm{Int}(X-A)$$
> であり，これら 3 つの集合は互いに交わらない．

注意 上述の定理は，定理 1.9 を開集合という概念を使って証明していることに注意せよ．

ここでもう一度 定理 1.12 について考えよう．位相空間 $(X, \mathscr{T})$ がもし距離空間であれば，A を X の部分集合とするとき，点 p が A の閉包に属するための必要十分条件は，任意 $\varepsilon > 0$ について，p の ε-近傍 $U_\varepsilon(p)$ が A と交わること $(U_\varepsilon(p) \cap A \neq \emptyset)$ であると述べることもできる．したがって，点 p を含むすべての開集合 O について $O \cap A \neq \emptyset$ という代わりに，点 p の任意の ε-近傍について $U_\varepsilon(p) \cap A \neq \emptyset$ といってもよい．さらに，任意の $\varepsilon > 0$ を任意の $\dfrac{1}{n}$ とおきかえてもよい．すなわち，$\left\{U_{\frac{1}{n}}(p)\right\}_{n \in N}$ である $\dfrac{1}{n}$-近傍の集りのみを考え

1-3 近傍系

てもよい．このことを位相空間で述べれば，次のようになる．

定義 $(X, \mathscr{T})$ を位相空間，p を X の点とする．このとき，p を含む開集合族の部分集合族 $\mathscr{N}_p$ が次の条件(*)を満たしているとき，$\mathscr{N}_p$ を点 p における**基本近傍系**(fundamental neighbourhood system)という．

(*) p を含む任意の開集合 O に対して $u(p) \subseteq O$ であるような $U(p) \in \mathscr{N}_p$ が存在する．

さらに，すべての点 $p \in X$ に対して基本近傍系が与えられているとしよう．このとき，位相空間に基本近傍系 $\mathscr{N} = \{\mathscr{N}_p\}_{p \in X}$ が与えられているという． ∎

定理 1.15 位相空間の基本近傍系 $\mathscr{N}$ について次のことがなりたつ．
(1) すべての点 p について，$p \in O$ であるような $O \in \mathscr{N}_p$ が存在する．
(2) $U \in \mathscr{N}_p$, $V \in \mathscr{N}_p$ ならば $W \subseteq U$, $W \subseteq V$ を満たす $W \in \mathscr{N}_p$ が存在する．
(3) $q \in U \in \mathscr{N}_p$ ならば $V \subseteq U$ を満たす $V \in \mathscr{N}_q$ が存在する．

逆に，ある集合 X に基本近傍系とよばれる集合族が定義されていて，この集合族が (1)-(3) の条件を満たすならば，この近傍系を使って位相空間を定義することができる．すなわち，O が開集合であるとは，

「任意の $p \in O$ に対して $U(p) \subseteq O$ であるような p を含む近傍 $U(p)$ が存在することである」

と定義する．このようにして定義された開集合が位相空間を定義していること，またすべての近傍が開集合であることは容易にわかる．

練習問題

1. 位相空間 $(X, \mathscr{T})$ において，$\mathscr{T}$ を基本近傍系 $\mathscr{N}$ と考え，基本近傍系 $\mathscr{N}$ を使って開集合を定義する．それによって定義された開集合族 $\mathscr{T}'$ について $\mathscr{T} = \mathscr{T}'$ がなりたつことを証明せよ．(すなわち，$p \in X$ について $\mathscr{N}_p$ は p を含む $O \in \mathscr{T}$ の集合とする．)

2. 実数の集合 $\boldsymbol{R}$ において，集合族 $\{U_r(s)\}_{r, s \in \boldsymbol{Q}}$ は基本近傍系を与えることを証明せよ．

1-4 連続写像

実数の集合 R 上で定義された実数値をとる関数 $f(x)$ が $a \in R$ で**連続**(continuous)であるとは,次のように定義される.

「任意の実数 $\varepsilon>0$ に対してある実数 $\delta>0$ が存在して(δ は a と ε による),$|x-a|<\delta$ なるすべての x について $|f(x)-f(a)|<\varepsilon$ がなりたつ.」

この定義は,距離空間 (X, d_X) から距離空間 (Y, d_Y) にうつす写像 f に対して容易に拡張できる.すなわち,$|x-a|<\delta$ を $d_X(a, x)<\delta$ に,$|f(x)-f(a)|<\varepsilon$ を $d_Y(f(a), f(x))<\varepsilon$ におきかえればよい.また,それは ε-近傍の概念を使って $f(U_\delta(a)) \subseteqq V_\varepsilon(f(a))$ と表すこともできる.ただし,$U_\delta(a)$ は a の X における δ-近傍,$V_\varepsilon(f(a))$ は $f(a)$ の Y における ε-近傍を表す.この最後の表し方はそのまま位相空間に拡張できる.

定義 f を位相空間 X から位相空間 Y への写像とする.このとき f が $a \in X$ で**連続**(continuous)であるとは,$f(a)$ の任意の近傍 $V(f(a))$ に対して,a のある近傍 $U(a)$ が存在し,$f(U(a)) \subseteqq V(f(a))$ がなりたつことである(U は V による).このとき,もし f がすべての $a \in X$ で連続であるならば,f は **X 上で連続**であるという. ∎

次の定理は,連続写像を開集合によって特徴づけたものである.

> **定理 1.16** f を位相空間 X から位相空間 Y への写像とする.このとき,f が X 上で連続であるための必要十分条件は,Y のすべての開集合 O に対して,$f^{-1}(O)$ が X の開集合であることである.

証明 f が X 上で連続であるとする.O を Y の開集合とし,$a \in f^{-1}(O)$ とする.$f(a) \in O$ であるので,$f(a) \subseteqq V \subseteqq O$ となる $f(a)$ の近傍 V が存在する.f は連続であるから,a のある近傍 $U(a)$ に対して $f(u) \subseteqq V \subseteqq O$ がなりたつ.すなわち $U \subseteqq f^{-1}(O)$ であり,このことは $f^{-1}(O)$ が開集合であることを意味する.

逆に,Y のすべての開集合 O に対して $f^{-1}(O)$ が X の開集合であるとする.a を X の任意の点とし,V を $f(a)$ の任意の近傍とすれば,V は Y の開集合,したがって $f^{-1}(V)$ は X の開集合であり,$a \in f^{-1}(V)$ である.ゆえに a を含

1-4 連続写像

む近傍 $U(a)$ が存在し，$U(a) \subseteq f^{-1}(V)$. したがって，$f(U(a)) \subseteq V$ がなりたつ. □

連続写像を閉集合を使って特徴づけると次の定理を得る.

定理 1.17 f を位相空間 X から位相空間 Y への写像とする. このとき，f が X 上で連続であるための必要十分条件は，Y のすべての閉集合 C に対して $f^{-1}(C)$ が X の閉集合であることである.

証明 この定理は定理 1.16 によって明らかである. □

位相空間の合成写像の連続性について次の定理がある.

定理 1.18 f を位相空間 X から位相空間 Y への写像とし，g を位相空間 Y から位相空間 Z への写像とする. もし f が $a \in X$ で連続，g が $f(a) \in Y$ で連続であれば，合成写像 $f \circ g(x) = g(f(x))$ も a で連続である.

連続写像は閉包を使っても特徴づけられる.

定理 1.19 f を位相空間 X から位相空間 Y への写像とする. このとき，f が X 上で連続であるための必要十分条件は，X の任意の部分集合 A に対して $f(\overline{A}) \subseteq \overline{f(A)}$ がなりたつことである.

証明 f が X 上で連続であるとする. A を X の部分集合とすれば，
$$A \subseteq f^{-1}(f(A)) \subseteq f^{-1}(\overline{f(A)})$$
であり，$\overline{f(A)}$ は閉集合であるので，$f^{-1}(\overline{f(A)})$ は A を含む閉集合である. ゆえに $\overline{A} \subseteq f^{-1}(\overline{f(A)})$ であり，$f(\overline{A}) \subseteq \overline{f(A)}$ である.

逆に，X の任意の部分集合 A に対して $f(\overline{A}) \subseteq \overline{f(A)}$ がなりたつとする. C を Y の閉集合とすれば
$$f(\overline{f^{-1}(C)}) \subseteq \overline{f(f^{-1}(C))} \subseteq \overline{C} = C.$$
ゆえに $\overline{f^{-1}(C)} \subseteq f^{-1}(C)$ がなりたつから，$\overline{f^{-1}(C)} = f^{-1}(C)$ であり，$f^{-1}(C)$ は閉集合である. □

さらに，f が距離空間 X から距離空間 Y への写像であるとき，f の連続性を収束の概念を使って特徴づけることができる．

定理 1.20 f を距離空間 X から距離空間 Y への写像とする．このとき，f が X 上で連続であるための必要十分条件は，$a \in X$ に収束する任意の点列 $\{a_n\}$ について $\{f(a_n)\}$ が $f(a)$ に収束することである．

注意 上記の定理は，記号を使って $\lim_{n \to \infty} f(a_n) = f\left(\lim_{n \to \infty} a_n\right)$ と表すことができる．すなわち，f と $\lim$ の順序が交換可能であることを意味する．

証明 f が連続であるとし，$\{a_n\}$ が a に収束するとする．$f(a)$ の任意の近傍を V とすれば，a の近傍 U で $f(U) \subseteq V$ なるものがある．$\{a_n\}$ は a に収束するので，ある自然数 N が存在して $n > N$ なるすべての n について $a_n \in U$，したがって $f(a_n) \in V$ である．ゆえに，$\{f(a_n)\}$ は $f(a)$ に収束する．

逆に，もし f が連続でなければ，f はある点 a で連続でない．すなわち，ある $f(a)$ の近傍 $V(a)$ が存在して，a のすべての近傍 U に対して $f(U) \subseteq V$ がなりたたない．すなわち，a の $\dfrac{1}{n}$-近傍 $U_n(a)$ に対して $f(U_n(a))$ は V に含まれない．したがって，$U_n(a)$ の点 a_n が存在して $f(a_n) \notin V$，すなわち点列 $\{a_n\}$ は a に収束するが，$\{f(a_n)\}$ は $f(a)$ に収束しない． □

f を位相空間 X を位相空間 Y にうつす写像とする．A を X の部分集合とし，A を Y にうつす写像 $f|A$ を
$$f|A(x) = f(x) \quad (x \in A)$$
によって定義する．このとき，$f|A$ を f の A の**上への制限**(restriction)といい，逆に f を，$f|A$ の X の**上への拡張**(extension)という．

定理 1.21 f を連続とすれば $f|A$ はつねに連続である．

証明 定理より明らか． □

次の定理は重要である．

1-4 連続写像

> **定理 1.22（ティーツェ（Tietze）の拡張定理）** X を距離空間 Y の閉集合とする．このとき X 上で実数値をとる連続関数 f は Y 上で実数値をとる連続関数 $\bar{f}$ に拡張できる．

証明 （省略） □

位相空間 $(X, \mathscr{T}_X)$ から位相空間 $(Y, \mathscr{T}_Y)$ 上への写像 f が，1対1で連続かつ逆写像 f^{-1} もまた連続であれば，f は**同相写像**(homeomorphism)，または**位相写像**(topological map)であるといい，X と Y とは**同相**(homeomorphic)または**同位相**であるという．このとき，f は X と Y の点の間の1対1対応を与えるのみならず，$\mathscr{T}_X$ の要素である X の開集合と $\mathscr{T}_Y$ の要素である Y の開集合の間の1対1対応をも与えている．

同相写像は位相幾何学においてもっとも基本的な概念の一つである．2つの空間が同相であるという関係は同値関係であるので，この関係は位相空間の類別を与える．したがって，2つの位相空間が同相であるかどうか判別することは位相幾何学の基本的な課題であるが，すべての位相空間を具体的に類別する方法を見いだすことができないことがわかっている．

位相的に同値(同相)な位相空間では開集合の数は同じなので，次の3つの位相空間はそれぞれ互いに同相にならない．

$(X_1, \mathscr{T}_{X_1})$ $(X_1=\{a, b\},\ \mathscr{T}_{X_1}=\{\emptyset, X\})$,

$(X_2, \mathscr{T}_{X_2})$ $(X_2=\{a, b\},\ \mathscr{T}_{X_2}=\{\emptyset, \{a\}, X\})$,

$(X_3, \mathscr{T}_{X_3})$ $(X_3=\{a, b\},\ \mathscr{T}_{X_3}=\{\emptyset, \{a\}, \{b\}, X\})$.

いま $X_4=\{a, b\}$，$\mathscr{T}_{X_4}=\{\emptyset, \{b\}, X\}$ とすれば，$(X, \mathscr{T}_{X_2})$ と $(X, \mathscr{T}_{X_4})$ とは同相である．

一般に，ある概念または量を2つの同相な位相空間が満しているならば，それは**位相的不変な概念**，または**位相的不変量**(topological invariant)といわれる．例えば，上記の開集合の数がそうである．2つの位相空間があり，一方がこのような概念または量を満たし，他方がそれを満たしていないならば，これら2つの位相空間は互いに同相でないことがわかる．

練習問題

1. 距離空間 (X, d) において, a を X の点とする．このとき，関数 $f(x)=d(a, x)$ は連続関数であることを証明せよ．

2. f は位相空間 X を位相空間 Y にうつす連続写像であるが，X のある開集合 O に対して $f(O)$ が Y の開集合でないような例をあげよ．

3. 関数 $y = \sin x$ が $\boldsymbol{R}$ 上で連続であることを証明せよ．

4. 開区間 $(0, 1)$ と開区間 $(0, 2)$ とが同相であることを証明せよ．

5. 実数の集合 $\boldsymbol{R}$ と開区間 $(-1, 1)$ とが同相であることを証明せよ．

6. 大文字のアルファベット 26 字を位相同型によって分類せよ．

1-5 連結空間

本節では空間の連結性について述べる．閉区間 $[0, 1]$ は連結であるが，2 つの閉区間の和 $[0, 1] \cup [2, 3]$ は連結ではないように，連結性が定義される．

定義 位相空間 X において以下の条件 (i)-(iii) を満たす閉集合の対 A, B が存在するとき，X は**不連結**(disconnected)であるという．

(ⅰ) $A \neq \emptyset,$ $B \neq \emptyset.$
(ⅱ) $A \cup B = X.$
(ⅲ) $A \cap B = \emptyset.$

位相空間 X は，不連結でないとき**連結**(connected)であるという．いいかえれば，位相空間 X において，いかなる閉集合の対 A, B も上の 3 つの条件を同時に満たすことがないとき，X は連結であるという．

なお，
(1) 上の定義において，閉集合の対 A, B を開集合の対 A, B でおきかえてもよい．
(2) 位相空間 X が不連結であるための必要十分条件は，X の真部分集合で閉かつ開なものが存在することである．
(3) 位相空間 X が不連結であるための必要十分条件は，X から 2 点空間 $\{a, b\}$ 上への連続写像が存在することである．
(4) 空集合と 1 点空間はつねに連結である．
(5) 前節にある 2 点集合 $\{a, b\}$ からつくられる 3 つの位相空間について，$(X, \mathscr{T}_1)$ と $(X, \mathscr{T}_2)$ は連結，$(X, \mathscr{T}_3)$ は不連結である．

定理 1.23 閉区間 $[0, 1]$ は連結である．

1-5 連結空間

証明 閉区間 $[0,1]$ が不連結であるとすれば，ある開集合の対 A, B が存在して，$A \neq \emptyset$, $B \neq \emptyset$, $A \cap B = \emptyset$, $A \cup B = [0,1]$ を満たす．$\{0\} \in A$ と仮定しよう．集合 C を
$$C = \{a \in [0,1] \mid [0,a] \subseteq A\}$$
によって定義する．$\{0\} \in C$ なので $C \neq \emptyset$，また $C \subseteq A$ より明らかに $C \cap B = \emptyset$，$B \neq \emptyset$ なので，$C \neq [0,1]$ である．ここで集合 C の上限を c としよう．

$c \in A$ とすれば A が開集合なので，$(c-\varepsilon, c+\varepsilon) \subseteq A$ となる $\varepsilon > 0$ が存在する．いま $c-\varepsilon < c' < c$ となる c' は c の上限ではないので，$[0, c'] \subseteq A$ である．ゆえに $c < d < c+\varepsilon$ となる d をとると，$[0, d] \subseteq A$ より $d \in C$．これは c が C の上限であることに反する．

一方，$c \in B$ であれば B も開集合なので，$(c-\varepsilon, c+\varepsilon) \subseteq B$ となる $\varepsilon > 0$ が存在する．いま $c-\varepsilon < c'' < c$ となる $c'' \in B$ について $[0, c''] \not\subseteq A$ である．ゆえに $c \leq c''$ でなければならない．これは矛盾である．ゆえに閉区間 $[0,1]$ は連結である． □

空間の連結性という概念は，解析学における中間値の定理をより広い視野からみることができるようにする．

定理 1.24（中間値の定理） $f: X \longrightarrow \boldsymbol{R}$ を連結空間 X 上で実数値をとる連続関数とし，X 上の 2 点 a, b について $f(a) < f(b)$ を満たすとする．このとき，$f(a) < \alpha < f(b)$ を満たす任意の実数 α に対して，$f(c) = \alpha$ となる X の点 c が存在する．

証明 $f(c) = \alpha$ となるような X の点 c が存在しないとする．
$$A = \{x \in X \mid f(x) < \alpha\}, \quad B = \{x \in X \mid f(x) > \alpha\}$$
とすれば，
$$A \neq \emptyset, \quad B \neq \emptyset, \quad A \cup B = X, \quad A \cap B = \emptyset$$
であり，A, B はいずれも開集合である．ゆえに X は不連結であることになり，仮定に反する． □

定理 1.25 位相空間 X から位相空間 Y への連続写像を f とする．もし X が連結であれば，$f(X)$ も連結である．

証明 もし $f(X)$ が連結でなければ，$f(X)$ から2点空間 $\{a,b\}$ 上への連続写像 g が存在する．したがって，X から2点空間 $\{a,b\}$ 上へ連続写像 $g \circ f$ が存在するので，X は不連結となる． $\square$

位相空間の部分集合 A が**連結**であるとは，A を X の部分位相空間と考えて連結である場合をいう．したがって，ある空間が連結であるかどうかは，それがどの空間に含まれているかには関係しない．

定理 1.26 位相空間 X において，その部分集合 A が連結であれば，$A \subseteq C \subseteq \overline{A}$ なる条件を満たす集合 C も連結である(したがって $\overline{A}$ も連結である)．

証明 C を不連結であるとし，C から2点空間 $\{a,b\}$ 上への連続写像を f とする．A が連結であるので $f(A)=\{a\}$ と仮定してよい．$A \subseteq C \subseteq \overline{A}$ であるので，A の部分空間 C での A の閉包は $\overline{A} \cap C = C$ であり，f が C で連続であることから，

$$f(\overline{A} \cap C) = f(C) \quad \text{かつ} \quad f(\overline{A} \cap C) \subseteq \overline{f(A)} = \overline{\{a\}} = \{a\}$$

がなりたつ．したがって $f(C)=\{a\}$ であり，C が不連結であることと矛盾する． $\square$

次の定理も容易に証明される．

定理 1.27 位相空間 X の部分集合族 $\{A_\lambda\}_{\lambda \in \Gamma}$ において，$\{A_\lambda\}$ のどの二つの対も互いに交わり，かつすべての A_λ $(\lambda \in \Gamma)$ が連結であれば，和集合 $\bigcup_{\lambda \in \Gamma} A_\lambda$ も連結である．

X を位相空間，p を X の点とする．このとき，p を含むすべての連結集合 C_λ $(\lambda \in \Gamma)$ の族 $\{C_\lambda\}_{\lambda \in \Gamma}$ を考えれば，上記の定理 1.27 により $C_p = \bigcup_{\lambda \in \Gamma} C_\lambda$ は連結であり，それは p を含む最大の連結集合である．また定理 1.26 により，$\overline{C_p}$ も連結であるので，$C_p = \overline{C_p}$ であり，C_p は閉集合である．このとき，C_p は X における点 p の**連結成分**(component)とよばれる．一般に，$q \in C_p$ ならば $p \in C_q$ (q の連結成分)であるので $C_p = C_q$ となる．すなわち，空間はその連結成分に一意的に分解される．

ここで，位相空間 X の 2 点 a, b に対して，閉区間 $[0,1]$ から X への連続写像 f で $f(0)=a$, $f(1)=b$ となるものがあれば，a と b は**弧**(または**道**)で**結ばれている**という．$f:[0,1] \longrightarrow X$ は a と b を結ぶ**弧**(または**道**)とよばれ，a はこの道の**始点**，b は**終点**とよばれる．もし X の任意の 2 点を弧で結ぶことができるならば，X は**弧状連結**(arcwise connected)であるという．定理 1.25, 定理 1.27 により弧状連結空間は連結である．

さらに，X を位相空間，p を X の点とする．このとき，p と弧で結ぶことのできる点の集り A_p は，p の**弧状連結成分**(arcwise connected component) とよばれる．一般に，$q \in A_p$ ならば $p \in A_q$ (q の弧状連結成分)であるので，$A_p = A_q$ となる．すなわち，空間はその弧状連結成分に一意的に分解される．

練習問題

1. X を位相空間，p を X の点とする．p を含むすべての閉かつ開である部分集合 D_λ ($\lambda \in \Gamma$) の族 $\{D_\lambda\}_{\lambda \in \Gamma}$ を考え，$D_p = \bigcap_{\lambda \in \Gamma} D_\lambda$ とおく．D_p は X の点 p における**擬連結成分**(quasicomponent)とよばれる．一般に $D_p \supseteq C_p$ であるが，$D_p \neq C_p$ である．このような例をあげよ．
2. G を $\boldsymbol{R}^n$ 内の連結な開集合(**領域**(domain)とよばれる)とする．G の任意の 2 点は G に含まれる折線(線分を順次つないだもの)で結ぶことができることを証明せよ．
3. $A = \left\{(x, y) \in \boldsymbol{R}^2 \,\middle|\, y = \sin\left(\dfrac{1}{x}\right), \ 0 < x \leq 1\right\}$,
   $B = \{(x, y) \in \boldsymbol{R}^2 \mid -1 \leq y \leq 1, \ x = 0\}$
   とする．$A \cup B$ は連結であるが，弧状連結ではないことを証明せよ．
4. 次の空間は弧状連結であることを示せ．
   (1) $B^n = \{x \in \boldsymbol{R}^n \mid |x| \leq 1\}$
   (2) $S^{n-1} = \{x \in \boldsymbol{R}^n \mid |x| = 1\}$

1-6　直積空間

$(X_1, d_1), (X_2, d_2)$ を距離空間とする．このとき直積
$$X_1 \times X_2 = \{(x_1, x_2) \mid x_1 \in X_1, \ x_2 \in X_2\}$$
に対して，どのように距離関数を定義するのが妥当であろうか．ユークリッド平面 $\boldsymbol{R}^2$ が，直線 $\boldsymbol{R}^1$ (x 軸)と直線 $\boldsymbol{R}^1$ (y 軸)の直積 $\boldsymbol{R}^1 \times \boldsymbol{R}^1$ であることを考慮

すれば，$X_1 \times X_2$ の 2 点 $x=(x_1, x_2), y=(y_1, y_2)$ の距離 $d(x, y)$ は
$$d(x, y) = \{d_1(x_1, y_1)^2 + d_2(x_2, y_2)^2\}^{\frac{1}{2}}$$
によって定義するのが自然である．そして実際，この距離関数 d によって $X_1 \times X_2$ は距離空間になる．以下で距離関数の定義の条件（i）(iii)を満たしていることを確かめる．

（i） $d(x, y) = 0 \iff x = y$,

および，

（ii） $d(x, y) = d(y, x)$

は明らか．

（iii） $X_1 \times X_2$ の点 $z = (z_1, z_2)$ に対して
$$d(x, y) + d(y, z) \geq d(x, z) \qquad (*)$$
がなりたつことを証明する．このためには
$$\{d_1(x_1, y_1)^2 + d_2(x_2, y_2)^2\}^{\frac{1}{2}} + \{d_1(y_1, z_1)^2 + d_2(y_2, z_2)^2\}^{\frac{1}{2}}$$
$$\geq \{d_1(x_1, z_1)^2 + d_2(x_2, z_2)^2\}^{\frac{1}{2}}$$
でなければならない．両辺を平方して
$$d_1(x_1, y_1)^2 + d_2(x_2, y_2)^2 + d_1(y_1, z_1)^2 + d_2(y_2, z_2)^2$$
$$+ 2\{d_1(x_1, y_1)^2 + d_2(x_2, y_2)^2\}^{\frac{1}{2}}\{d_1(y_1, z_1)^2 + d_2(y_2, z_2)^2\}^{\frac{1}{2}}$$
$$\geq d_1(x_1, z_1)^2 + d_2(x_2, z_2)^2.$$

一方，
$$\begin{cases} d_1(x_1, y_1) + d_1(y_1, z_1) \geq d_1(x_1, z_1), \\ d_2(x_2, y_2) + d_2(y_2, z_2) \geq d_2(x_2, z_2) \end{cases}$$
であるので，
$$\begin{cases} d_1(x_1, y_1)^2 + 2d_1(x_1, y_1)d_1(y_1, z_1) + d_1(y_1, z_1)^2 \geq d_1(x_1, z_1)^2, \\ d_2(x_2, y_2)^2 + 2d_2(x_2, y_2)d_2(y_2, z_2) + d_2(y_2, z_2)^2 \geq d_2(x_2, z_2)^2. \end{cases}$$
したがって，
$$\{d_1(x_1, y_1)^2 + d_2(x_2, y_2)^2\}^{\frac{1}{2}}\{d_1(y_1, z_1)^2 + d_2(y_2, z_2)^2\}^{\frac{1}{2}}$$
$$\geq d_1(x_1, y_1)d_1(y_1, z_1) + d_2(x_2, y_2)d_2(y_2, z_2)$$
なることを証明すればよい．ここで，
$$d_1(x_1, y_1) = a, \quad d_2(x_2, y_2) = b,$$

1-6 直積空間

とおけば
$$d_1(y_1, z_1) = c, \quad d_2(y_2, z_2) = d$$

$$(a^2+b^2)^{\frac{1}{2}}(c^2+d^2)^{\frac{1}{2}} \geqq ac+bd \qquad (**)$$

を示せばよいことになる．両辺を両方して
$$a^2d^2 + b^2c^2 \geqq 2abcd, \quad \text{すなわち}, \quad (ad-bc)^2 \geqq 0.$$

最後の式はつねになりたつ．よって，式(**)がなりたつ．ゆえに式(*)がなりたち，$X_1 \times X_2$ は距離関数 d によって距離空間となる． □

同様にして，$(X_1, d_1), (X_2, d_2), \cdots, (X_n, d_n)$ が距離空間であるとき，$X_1 \times X_2 \times \cdots \times X_n$ の 2 点 $x=(x_1, x_2, \cdots, x_n)$, $y=(y_1, y_2, \cdots, y_n)$ に対して

$$d(x,y) = \{d_1(x_1,y_1)^2 + d_2(x_2,y_2)^2 + \cdots + d_n(x_n,y_n)^2\}^{\frac{1}{2}}$$

と定義すれば，$(X_1 \times X_2 \times \cdots \times X_n, d)$ は距離空間である．とくに n 次元ユークリッド空間 $\boldsymbol{R}^n$ は

$$d(x,y) = \left\{\sum_{i=1}^{n}(y_i - x_i)^2\right\}^{\frac{1}{2}}$$

によって距離が定義されている空間であることを思い起こそう．

すでに述べたように，位相空間の研究において，距離は補助的な概念であり，開集合族が空間の位相を定める．いま $(X_1, d_1), (X_2, d_2)$ を距離空間とするとき，$X_1 \times X_2$ の 2 点 $x=(x_1, x_2), y=(x_2, y_2)$ の距離を

$$d_*(x,y) = \max\{d_1(x_1, y_1), d_2(x_2, y_2)\}$$

と定義しても距離空間 $(X_1 \times X_2, d_*)$ が得られ，それは上に述べた $(X_1 \times X_2, d)$ と同じ開集合族をもつことが容易にわかる．

2 つの位相空間 $(X_1, \mathscr{T}_1), (X_2, \mathscr{T}_2)$ があるとき，その直積 $X_1 \times X_2$ に適当な位相 $\mathscr{T}$ （開集合族）を定義することを考えよう．ここで"適当な"ということは，それが距離空間の場合の自然な拡張になっていることを意味する．平面 $\boldsymbol{R}^2 = \boldsymbol{R}^1 \times \boldsymbol{R}^1$ の場合を考えても，$\mathscr{T}$ を $\mathscr{T}_1$ と $\mathscr{T}_2$ から直接に定義することは難しい．したがって，$\mathscr{T}$ は上記の例 $(X_1 \times X_2, d_*)$ をモデルとして，間接的に基本近傍系なる概念を用いて定義される．

定義 $(X_1, \mathscr{T}_1), (X_2, \mathscr{T}_2)$ を位相空間とする．このとき，$X_1 \times X_2$ の点 $p=(p_1, p_2)$ の一つの基本近傍系は $U_1(p_1) \times U_2(p_2)$ という形の集合族とする．ただし，$U_1(p_1) \in \mathscr{T}_1, U_2(p_2) \in \mathscr{T}_2$ はそれぞれ p_1, p_2 を含む X_1, X_2 の開集合である． ■

この定義で，$U_1(p_1) \in \mathscr{T}_1$, $U_2(p_2) \in \mathscr{T}_2$ を，$U_1(p_1)$ は $p_1 \in X_1$ の基本近傍系 $\mathscr{N}_1$ に属し，$U_2(p_2)$ は $p_2 \in X_2$ の基本近傍系 $\mathscr{N}_2$ に属しているとしてよい．

このように定義された p の近傍系 $\mathscr{N}$ が，定理 1.15 に述べられている基本近傍系の性質を満たしていることは容易にわかる．

さらに，$X_1 \times X_2$ の各点でこのように基本近傍系を定義すれば，それによって $X_1 \times X_2$ での開集合族 $\mathscr{T}$ が定義され，$(X_1 \times X_2, \mathscr{T})$ は位相空間になる．

例 18 直積空間の例
(1) $I \times I = \{(x_1, x_2) \in \mathbf{R} \times \mathbf{R} \mid 0 \leq x_1 \leq 1, \ 0 \leq x_2 \leq 1\}$.
(2) $S^1 \times I = \{(x_1, x_2, x_3) \in \mathbf{R}^2 \times \mathbf{R} \mid x_1^2 + x_2^2 = 1, \ 0 \leq x_3 \leq 1\}$
$\{(x_1, x_2) \mid 1 \leq x_1^2 + x_2^2 \leq 4\}$ も上記の $S^1 \times I$ と同相である．
(3) $T^2 = S^1 \times S^1$
$= \{(x_1, x_2, x_3) \in \mathbf{R}^3 \mid x_1 = (2 + \cos \psi) \cos \theta, \ x_2 = (2 + \cos \psi) \sin \theta, \ x_3 = \sin \psi\}$
(ただし，$0 \leq \theta < 2\pi, \ 0 \leq \psi < 2\pi$)

定義 $(Y_i, \mathscr{T}_i)$ $(i = 1, 2, \cdots, n)$ を位相空間，$Y = \prod_{i=1}^{n} Y_i$ をその直積空間とする．$y = (y_1, y_2, \cdots, y_i, \cdots, y_n)$ とするとき，写像 $\pi_i : Y \longrightarrow Y_i$ を $\pi(y) = y_i$ で定義し，Y から Y_i への**射影**(projection)という．このとき，$\pi_i : Y \longrightarrow Y_i$ は明らかに連続写像である．

定理 1.28 位相空間 X から位相空間 $Y = Y_1 \times Y_2$ への写像 f が連続であるための必要十分条件は，$f_i = \pi_i \circ f : X \longrightarrow Y_i$ $(i = 1, 2)$ が連続であることである．

〔注意〕 $f(x) = (f_1(x), f_2(x))$ と表される．

証明 f が連続であれば $f_i = \pi_i \circ f$ $(i = 1, 2)$ は連続である．逆に，f_i $(i = 1, 2)$ が連続であるとする．$x \in X$ として V を $f(x)$ の近傍とする．このとき $V = V_1 \times V_2$, ただし V_i は $f_i(x)$ の近傍としてよい．f_i $(i = 1, 2)$ が連続であるので，x の近傍 $U_i(x)$ $(i = 1, 2)$ が存在して $f_i(U_i(x)) \subseteq V_i$ がなりたつ．$U = U_1(x) \cap U_2(x)$ とすれば，U は x の近傍かつ $f(U(x)) \subseteq V$ がなりたつ．したがって，f は連続である． □

1-6 直積空間   33

> **定理 1.29** 位相空間 X_i ($i=1,2$) が連結であれば，直積空間 $X = X_1 \times X_2$ も連結である．

証明 X が連結でないとすれば，X から 2 点集合 $\{a,b\}$ 上への連続写像 f が存在する．$f^{-1}(a)$ の点 (a_1, a_2) と，$f^{-1}(b)$ の点 (b_1, b_2) を選ぶ．このとき，少なくとも $a_1 \neq b_1$ か $a_2 \neq b_2$ である．ここでは，$a_1 \neq b_1$ としよう．このとき，$\{a_1\} \times X_2$ が連結であるので $f(\{a_1\} \times X_2) = \{a\}$ となる．したがって，$f(a_1, b_2) = \{a\}$．さらに $X_1 \times \{b_2\}$ が連結であるので，$f(X_1 \times \{b_2\}) = \{a\}$ となる．これは $f(b_1, b_2) = b$ に反する． □

$(X_1, \mathcal{T}_1), (X_2, \mathcal{T}_2), \cdots, (X_n, \mathcal{T}_n)$ を位相空間とするとき，それらの直積 $\prod_{i=1}^{n} X_i$ には，帰納的に上記の方法によって位相が導入される．一般に，$\{(X_\lambda, \mathcal{T}_\lambda)\}$ を位相空間の族とするとき，それらの直積 $\prod_{\lambda \in \Gamma} X_\lambda$ に位相を導入するには少し注意が必要である．π_λ を $\prod_{\lambda \in \Gamma} X_\lambda$ から X_λ への射影とする．$x \in \prod_{\lambda \in \Gamma} X_\lambda$ とするとき，x の基本近傍としては次の形の集合

$$\prod_{\lambda \in \Gamma} U_\lambda(x_\lambda) \qquad (\text{ただし } x_\lambda = \pi_\lambda(x))$$

をとる．ここで，$U(x_\lambda)$ は x_λ の X_λ における近傍であるが，さらに有限個の λ を除いては $U_\lambda(x_\lambda) = X_\lambda$ とする．

この定義が Γ が有限集合の場合の拡張になっていることに注意せよ．

練習問題

1. (X, d) を距離空間とする．このとき，距離関数 $d(x,y)$ を $d: X \times X \to \mathbf{R}$ となる写像と考えて，連続であることを証明せよ．
2. **(ヒルベルト空間)** ユークリッド空間 $\mathbf{R}^n$ の無限次元への拡張として，ヒルベルト空間 l^2 が次のように定義される．l^2 は，数列 $x = (x_1, x_2, \cdots, x_n, \cdots)$ に対して，$\sum_{i=1}^{\infty} x_i^2 < \infty$ であるものの集合である．また，2 つの数列 $x = (x_1, x_2, \cdots, x_n, \cdots)$, $y = (y_1, y_2, \cdots, y_n, \cdots)$ の距離は

$$d_\infty(x, y) = \left\{ \sum_{i=1}^{\infty} (y_i - x_i)^2 \right\}^{\frac{1}{2}}$$

として与えられる．このとき，(l^2, d_∞) が距離空間であることを証明せよ．
3. **(ヒルベルト立方体)** ユークリッド立方体 I^n の無限次元への拡張として，ヒ

ルベルト立方体 I^ω が次のように定義される．I^ω は数列 $x=(x_1, x_2, \cdots, x_n, \cdots)$ の中ですべての i について $0 \leq x_i \leq 1$ であるものの集合である．また，2つの数列 $x=(x_1, x_2, \cdots, x_n, \cdots)$, $y=(y_1, y_2, \cdots, y_n, \cdots)$ の距離は，
$$d_\omega(x, y) = \sum_{i=1}^\infty \frac{|y_i - x_i|}{2^i}$$
によって与えられる．このとき，(I^ω, d_ω) が距離空間であることを証明せよ．また，(I^ω, d_ω) は上記の無限の直積空間の定義に適合していることを確かめよ．

4. (無限の)直積空間の位相はすべての射影 $\pi_a : \prod_{\lambda \in \Gamma} X_\lambda \longrightarrow X_a$ が連続となるような位相のうち，もっとも弱い位相であることを証明せよ．(2つの位相空間 $(X, \mathcal{T}_1), (X, \mathcal{T}_2)$ に対して $\mathcal{T}_1 \subseteq \mathcal{T}_2$ であるとき，$\mathcal{T}_1$ は $\mathcal{T}_2$ より **弱い**(weak)，$\mathcal{T}_2$ は $\mathcal{T}_1$ より **強い**(strong)という．)

1-7 分離の公理

位相空間の概念は距離空間の概念を抽象化したものであり，開集合をもとにして定義できる多くの位相的概念を位相空間においても同様に取り扱うことができて，距離空間における位相的な定理がそのまま位相空間でもなりたつことをみてきた．しかし，距離空間における位相的な定理がすべての位相空間でなりたつわけではない．

例 19 (X, d) を距離空間，p を X の点とする．いま
$$U_n(p) = \left\{ x \in X \,\middle|\, d(p, x) < \frac{1}{n} \right\} \quad (n = 1, 2, \cdots)$$
とおけば，可算集合族 $\{U_n(p)\}$ は点 p の基本近傍系をなす．

一般に，位相空間 X が，そのすべての点で高々可算な基本近傍系をもつならば，X は**第1可算公理**(first countability axiom)を満たすという．距離空間は第1可算公理を満たすが，すべての位相空間が第1可算公理を満たすわけではない．

例えば，X を実数の集合を単に点集合と考えたものとし，点 $p \in X$ の近傍 $U(p)$ は，p を含みかつ $X - U(p)$ が有限集合であるような集合と定義する．X は近傍によって開集合が定義される位相空間ではあるが，第1可算公理を満たさない．

ついでにここで第2可算公理について述べておく．位相空間 $(X, \mathcal{T})$ で $\mathcal{T}$ はすべての開集合の集合族を表すが，その部分族 $\mathcal{T}'$ で，すべての $O \in \mathcal{T}$ が $\mathcal{T}'$ の集合 O_λ の和集合 $\left(O = \bigcup_{\lambda \in \Gamma} O_\lambda \right)$ として表すことができるとき，$\mathcal{T}'$ を X

1-7 分離の公理

の **開基**(open base)という. $\mathscr{T}'$ がわかっていれば, $\mathscr{T}$ もわかっていると考えることができるからである. 例えば, 各点の基本近傍系を集めた集合族は開基をなす. 位相空間 $(X, \mathscr{T})$ は, もし可算な集合族からなる開基をもてば(開基に属する各集合が可算なのではなく, 開基が可算個の集合からなる集合族であることを意味する), **第 2 可算公理**(second countability axiom)を満たすという.

例 20 (X, d) を距離空間, $p, q \in X$ $(p \neq q)$ とする. このとき, $\varepsilon = d(p, q)$ とおけば, p, q の ε-近傍 $U_\varepsilon(p), V_\varepsilon(q)$ に対して $U_\varepsilon(p) \cap V_\varepsilon(q) = \emptyset$ がなりたつ.

一般に, 位相空間 $(X, \mathscr{T})$ において, 任意の異なる 2 点 p, q に対して, 適当な近傍 $U(p), V(q)$ が存在して $U(p) \cap V(q) = \emptyset$ がなりたつならば, $(X, \mathscr{T})$ は **ハウスドルフ**(Hausdorff)**空間**であるという. すべての距離空間はハウスドルフ空間であるが, すべての位相空間がハウスドルフ空間であるわけではない (例 10, 例 11 を参照).

例 20 で述べた性質は, **分離の公理**(separation axiom)(または分離の条件)といわれるものであり, さまざまなレベルでそれを考えることができる.

X を位相空間とするとき, 以下のような条件 $T_0)$-$T_4)$ を考える.

> $T_0)$ X の任意の 2 点 p, q $(p \neq q)$ に対して, p を含み q を含まない p の近傍 U が存在するか, q を含み p を含まない q の近傍 V が存在する.
>
> $T_1)$ X の任意の 2 点 p, q $(p \neq q)$ に対して, p を含み q を含まない p の近傍 U が存在し, かつ q を含み p を含まない q の近傍 V が存在する.
>
> $T_2)$ (**ハウスドルフの公理**) X の任意の 2 点 p, q $(p \neq q)$ に対して, p の近傍 U と q の近傍 V で, $U \cap V = \emptyset$ なるものが存在する.
>
> $T_3)$ X の任意の点 p と, p を含まない閉集合 C に対して, $p \in U$, $C \subseteq V$ で, かつ $U \cap V = \emptyset$ であるような開集合 U, V が存在する.
>
> $T_4)$ X の任意の互いに交わらない閉集合(すなわち $C \cap D = \emptyset$)に対して, $C \subseteq U$, $D \subseteq V$ で, かつ $U \cap V = \emptyset$ であるような開集合 U, V が存在する.

位相空間で条件 T_i ($i=0,1,2,3,4$) を満たす空間を **T_i-空間**とよぶ(とくに,T_2-空間は**ハウスドルフ空間**(Hausdorff space)とよばれる).このとき,T_1-空間は T_0-空間であり,T_2-空間は T_1-空間であることがわかる.

次の定理は容易に証明される.

定理 1.30 位相空間が T_1-空間であるための必要十分条件は,すべての1点集合が閉集合であることである.

距離空間が T_1-空間でなければ1点集合が閉集合とは限らないので,T_3-空間が T_2-空間であるためには,また T_4-空間が T_3-空間であるためには,それらがまず T_1-空間でなければならない.条件 T_1) および T_3) を満たす空間は**正則空間** (regular space),T_1) および T_4) を満たす空間は**正規空間** (normal space) とよばれる.なお,正規空間は正則空間,正則空間はハウスドルフ空間である.

定理 1.31 距離空間 (X, d) は正規空間である.

証明 F_1, F_2 を $F_1 \cap F_2 = \emptyset$ であるような閉集合とする.
$$O_1 = \{x \in X \mid d(x, F_1) < d(x, F_2)\},$$
$$O_2 = \{x \in X \mid d(x, F_1) > d(x, F_2)\}$$
(ただし $d(x, F) = \inf_{y \in F} d(x, y)$)とおけば,$O_1 \cap O_2 = \emptyset$,$F_1 \subseteqq O_1$,$F_2 \subseteqq O_2$ は明らかである.また O_1, O_2 は開集合であることも容易にわかる. □

さらに,T_0-空間,T_1-空間,ハウスドルフ空間,正則空間の部分空間は,それぞれ T_0-空間,T_1-空間,ハウスドルフ空間,正則空間であるが,正規空間の部分空間は正規空間とは限らない.

本書では分離の公理に関する詳細な議論はしないが,知っておいてよいと思われるごく基本的な事柄だけを節末に練習問題として与えておく.

距離によって位相(開集合族)が与えられる空間は比較的具体的な空間であり,応用上からも重要な空間である.すべての集合は適当に距離関数を定義することによって距離空間となるが(例えば,例4),すべての位相空間が距離空間になるわけではない.すなわち,位相空間 $(X, \mathscr{T})$ が与えられたとき,必ずしも X に距離関数を d として距離空間 (X, d) をつくり,(X, d) の開集合族

1-7 分離の公理

が位相空間 $(X, \mathscr{T})$ の $\mathscr{T}$ と同じようにできるわけではない(例10). もしこのように X に距離関数 d を定義することができるならば, 位相空間 $(X, \mathscr{T})$ は**距離づけ可能**(metrizable)であるといわれる. 位相空間が距離づけ可能であるための十分条件として, 次の**ウリゾーンの定理**(Urysohn's lemma)が有名であり, 実用的でもある.

> **定理 1.32** (Urysohn) 第2可算公理を満たす正規空間は距離づけ可能である. (すなわち, ヒルベルト空間またはヒルベルト立方体の部分集合と同相である.)

位相空間が距離づけ可能であるための必要十分条件もいくつか得られている.

> **定理 1.33**[†] (R. A. Bing) 位相空間 $(X, \mathscr{T})$ の集合族 $\{D_\lambda\}_{\lambda \in \Gamma}$ に対して, もし X のすべての点 x において, その近傍 $U(x)$ が高々一つの D_λ としか交わらないようなものがとれるとき, $\{D_\lambda\}$ は**離散的**(discrete)であるという. そしてもし $\mathscr{D} = \{\mathscr{D}_n\}_{n=1,2,\cdots}$ で, 各 $\mathscr{D}_n$ が離散的な集合族であるとき, $\mathscr{D}$ は **σ-離散的**であるという.
>
> このとき, 位相空間が距離づけ可能であるための必要十分条件は, X が正則であり, かつ σ-離散的な開基 $\mathscr{D}$ をもつことである.

> **定理 1.34**[†] (長田-Smirnov) 位相空間 $(X, \mathscr{T})$ の集合族 $\{E_\lambda\}_{\lambda \in \Gamma}$ に対して, もし X のすべての点 x において, その近傍 $U(x)$ が高々有限個の E_λ としか交わらないようなものがとれるとき, $\{E_\lambda\}$ は**局所有限的** (locally finite)であるという. そしてもし $\mathscr{E} = \{\mathscr{E}_n\}_{n=1,2,\cdots}$ で, 各 $\mathscr{E}_n$ が局所有限的であるとき, $\mathscr{E}$ は **σ-局所有限的**であるという.
>
> このとき, 位相空間 $(X, \mathscr{T})$ が距離づけ可能であるための必要十分条件は, X が正則であり, かつ σ-局所有限的な開基 $\mathscr{E}$ をもつことである.

[†] Wolfgang Frantz, General Topology, F. Ungar Pub. Co. Inc., New York, 1965.

練習問題

1. 第2可算公理を満たす位相空間は第1可算公理を満たすことを証明せよ.
2. ヒルベルト空間は第2可算公理を満たすことを証明せよ.
3. T_0-空間で T_1-空間でない例をあげよ.
4. T_1-空間で T_2-空間でない例をあげよ.
5. T_2-空間で正則空間でない例をあげよ.
6. 正則空間で正規空間でない例をあげよ.
7. 正規空間で距離空間でない例をあげよ.
8*. (**ウリゾーンの定理**) ハウスドルフ空間が正規空間であるための必要十分条件は, 2つの閉集合 C, D ($C \cap D = \emptyset$) に対して, 連続関数 $f: X \longrightarrow I$ で,
$$f(x) = \begin{cases} 0 & (x \in C) \\ 1 & (x \in D) \end{cases}$$
を満たすものが存在することであることを証明せよ.
9*. (**ティーツェの定理**) X を正規空間, C を X の閉集合とする. C 上の連続関数 $f: C \longrightarrow [a, b]$ は, X 上の連続関数 $\bar{f}: X \longrightarrow [a, b]$ に拡張(すなわち $\bar{f}(x) = f(x)$ ($x \in C$))できることを証明せよ.

1-8 コンパクト空間

位相空間の研究の上で重要な位置をしめるコンパクトという概念は, もともと直線上の閉区間のもつ性質を抽象化したものであり, それによって閉区間上で実数値をとる連続関数に関する諸定理が, コンパクト空間上の諸定理に拡張される. さらに, ユークリッド空間内のコンパクトな集合は有界閉集合として特徴づけられ, 上記の連続関数の諸定理が, これらの有界閉集合上の実数値関数に関する定理として成立することになる.

コンパクト性を定義することは, 普通閉区間のもっている一つの性質, いわゆるハイネ・ボレル(Heine-Borel)の定理をもとにしてなされる.

一般に, 位相空間 X の部分集合 C が与えられたとき, その開集合族 $\mathscr{O} = \{O_\alpha\}_{\alpha \in \Gamma}$ が $\bigcup_{\alpha \in \Gamma} O_\alpha \supseteq C$ であるとき, $\mathscr{O}$ は C を**被覆する**(covering), または C の**開被覆**(open covering)であるという.

定義 位相空間 X の部分集合 C が**コンパクト**(compact)であるとは, もし $\mathscr{O} = \{O_\alpha\}_{\alpha \in \Gamma}$ が C の開被覆ならば, $\mathscr{O}$ から有限個の $O_{\alpha_1}, O_{\alpha_2}, \cdots, O_{\alpha_n}$ を選んで C を被覆できること, すなわち

1-8 コンパクト空間

$$\bigcup_{i=1}^{n} O_{a_i} \supseteq C$$

であるようにできることを意味する.

以下では，閉区間上で実数値をとる連続関数の諸定理は，閉区間のこのような性質（**ハイネ・ボレルの性質**）に基づいて証明されていることを確めることになる.

> [注意] 空間のコンパクト性は，この空間がいかなる空間の部分空間であってもコンパクトであることを意味する（絶対的な概念）．開集合・閉集合が，含まれる空間による相対的な概念であったことと比較せよ．連続性もまた一つの絶対的な概念である.

定理 1.35 X をハウスドルフ空間，C をそのコンパクトな部分集合とすれば，C は閉集合である.

証明 $p \notin C$ とする．C の任意の点 x に対して，p の近傍 $U_x(p)$ と x の近傍 $V_x(x)$ が $U_x \cap V_x = \emptyset$ となるようにとれる．$\{V_x\}_{x \in C}$ は C の開被覆である．したがって，有限個の $V_{x_1}, V_{x_2}, \cdots, V_{x_n}$ を選んで，$\bigcup_{i=1}^{n} V_{x_i} \supseteq C$ となるようにできる．$U = \bigcap_{i=1}^{n} U_{x_i}$ は点 p の近傍であり，$U \cap C = \emptyset$ である．なぜならば，y を C の任意の点とすれば，ある x_j に対して $y \in V_{x_j}$ であり，また $U_{x_j} \cap V_{x_j} = \emptyset$ であるので，$y \notin U$．したがって $U \cap C = \emptyset$ であり，C は閉集合である．□

定理 1.36 コンパクトなハウスドルフ空間 X の閉部分集合 C はコンパクトである.

証明 $\{O_\alpha\}_{\alpha \in \Gamma}$ を C の開被覆とする．$O_{\alpha_0} = X - C$ とすれば $\{O_\alpha, O_{\alpha_0}\}_{\alpha \in \Gamma}$ は X の開被覆であるので，有限個の $\alpha_1, \alpha_2, \cdots, \alpha_n$ を選んで，$\{O_{\alpha_i}\}_{i=1,2,\cdots,n}$ で C を被覆できる．もし O_{α_0} がこの中にあれば，O_{α_0} を上記の有限個の集合から取り除いたものが C の開被覆となることは明らかである．□

例 21 ここで，コンパクトでない空間の例をあげておく．直線 $\mathbf{R}^1$ はコンパクトではない．なぜならば，$O_n = (-n, n)$ とすれば $\bigcup_{n=1}^{\infty} O_n = \mathbf{R}^1$ であるから，$\mathcal{O} = \{O_n\}_{n=1,2,\cdots}$ は $\mathbf{R}^1$ の開被覆である．このとき，$\mathcal{O}$ から有限個を選んで $\mathbf{R}^1$ を被覆することはできない.

定理 1.37 閉区間 $[a,b]$ $(a<b)$ はコンパクトである．すなわち，ハイネ・ボレルの性質をもつ．

証明 $\mathcal{O}=\{O_\alpha\}_{\alpha\in\Gamma}$ を閉区間 $[a,b]$ の開被覆とする．
$$C=\{x\in[a,b]\mid [a,x] \text{ は } \mathcal{O} \text{ の中の有限個で被覆できる}\}$$
とする．$a\in C$ であり，集合 C は有界であるので上限をもつ．c_0 を C の上限とし，$c_0\neq b$ と仮定する．$c_0\in O_{\alpha_0}$ とすれば，c を含む適当な開区間 $(c-\varepsilon, c+\varepsilon)$ は O_{α_0} に含まれる．閉区間 $[a, c-\varepsilon]$ は有限個の O_α で被覆できるので，それに O_{α_0} を加えれば $c_0\in C$ となることがわかる．また $c_0+\frac{\varepsilon}{2}\in C$ でもあるので，c_0 が C の上限であることに反する．ゆえに，$c_0=b$ であり，$b\in C$ である． □

定理 1.38 X, Y がコンパクトな空間であれば，$X\times Y$ もまたコンパクトな空間である．

証明 $\mathcal{O}=\{O_\alpha\}_{\alpha\in\Gamma}$ を $X\times Y$ の開被覆とする．$X\times Y$ の任意の点 (x,y) に対して $(x,y)\in O_{x,y}\in\mathcal{O}$ となる $O_{x,y}$ が存在する．したがって，x の近傍 $U(x)$ と y の近傍 $V(y)$ で $U(x)\times V(y)\subseteq O_{x,y}$ となるものが存在する．x を固定して，$\{U(x)\times U(y)\}_{y\in Y}$ はコンパクトな集合 $\{x\}\times Y$ の開被覆であるので，そのうちの有限個の
$$U_1(x)\times V(y_1),\ U_2(x)\times V(y_2),\ \cdots,\ U_{j(x)}(x)\times V(y_{j(x)})$$
で $\{x\}\times Y$ を被覆できる．ここで $U(x)=\bigcap_{j=1}^{j(X)} U_{j(X)}$ とおく．$U(X)$ は x の近傍であり，$\{U(x)\}_{x\in X}$ は X の開被覆である（x を固定していない）．したがって，有限個の $U(x_1), U(x_2), \cdots, U(x_n)$ で X を被覆できる．
$$U(x_i)\times V(y_j) \quad (i=1,2,\cdots,n;\ j=1,2,\cdots,j(x_i))$$
は有限個であり，$X\times Y$ はこの有限開集合族 $\{U(x_i)\times V(y_j)\}$ によって被覆される．したがって，$X\times Y$ は $U(x_i)\times V(y_j)$ を含む O_{x_i,y_j} からなる有限集合族 $\{O_{x_i,y_j}\}$ によって被覆される． □

注意 （チコノフ(Tychonoff)の定理）　一般に $\{X_\alpha\}_{\alpha\in\Gamma}$ をコンパクトな集合族とするとき，直積空間 $\prod_{\alpha\in\Gamma} X_\alpha$ はコンパクトである．

距離空間 (X, d) の部分集合を A とする．もし X のある点 p に関して集合 $\{d(p, a)\}_{a \in A}$ が有界ならば，すなわち，ある数 M が存在して，任意の $a \in A$ に対して，$d(p, a) < M$ がなりたつならば，A は**有界** (bounded) であるという．

n 次元ユークリッド空間内のコンパクトな集合 C は有界であり，したがって，閉区間 $[a_1, b_1], [a_2, b_2], \cdots, [a_n, b_n]$ が存在して，

$$C \subseteq \prod_{i=1}^{n} [a_i, b_i]$$

であることがわかる．$\prod_{i=1}^{n} [a_i, b_i]$ は定理 1.38 によりコンパクトであるので，C は閉集合(定理 1.35)である．ゆえに，n 次元ユークリッド空間内のコンパクトな集合は有界閉集合である．

逆に，n 次元ユークリッド空間内の有界閉集合はコンパクトである．なぜならば，有界閉集合はコンパクトな集合 $\prod_{i=1}^{n} [a_i, b_i]$ の閉部分集合であるので，定理 1.36 により，コンパクトである．

したがって，次の定理が得られる．

定理 1.39 n 次元ユークリッド空間内の集合がコンパクトであるための必要十分条件は，それが有界閉集合であることである．

[注意] この定理は一般の距離空間ではなりたたない．開区間 $(0, 1)$ はそれ自身を空間と考えれば，$(0, 1)$ はその空間内の有界閉集合であるがコンパクトではない．

定理 1.40 $f: X \longrightarrow Y$ を位相空間 X を位相空間 Y にうつす連続写像とする．もし X がコンパクトであれば，$f(X)$ もコンパクトである．

証明 $\mathcal{O} = \{O_\alpha\}_{\alpha \in \Gamma}$ を $f(X)$ の開被覆とする．$\{f^{-1}(O_\alpha)\}_{\alpha \in \Gamma}$ は X の開被覆であるので，そのうちの有限個の $\alpha_1, \alpha_2, \cdots, \alpha_n$ を選んで $\{f^{-1}(O_{\alpha_i})\}_{i=1,2,\cdots,n}$ で X を被覆することができる．$\{O_{\alpha_i}\}_{i=1,2,\cdots,n}$ が $f(X)$ の開被覆であることは，明らかである． □

定理 1.41 (連続関数の最大値・最小値の定理) $f: X \longrightarrow \mathbf{R}$ を，コンパクトな位相空間 X 上で実数値をとる連続関数とする．このとき，f は X 上で最大値，最小値をとる．

証明 $f(X)$ がコンパクトであるので，定理 1.39 により，$f(X)$ は $\boldsymbol{R}$ の有界閉集合である．したがって，$f(X)$ は最大値および最小値をもつ．すなわち，X の点 a, b が存在して，すべての $x \in X$ に対して $f(a) \leq f(x) \leq f(b)$ がなりたつ． □

定理 1.42 $f: X \longrightarrow Y$ を位相空間 X をハウスドルフ空間 Y にうつす1対1で連続な写像とする．もし X がコンパクトであれば，逆写像 $f^{-1}: f(X) \longrightarrow Y$ も連続である．したがって，f は X を $f(X)$ にうつす同相写像である．

証明 逆写像 $f^{-1}: f(X) \longrightarrow X$ が連続であることを証明する．そのために，C を X の閉集合とし，$f(C)$ が閉集合であることを証明する．X がコンパクトであるので，定理 1.35 により C はコンパクトである．さらに，f が連続であるので，定理 1.40 により $f(C)$ はコンパクトである．ゆえに定理 1.36 により，$f(C)$ は閉集合である． □

また，コンパクト空間の定義を次のように与えることができることを注意しておく．一般に，$\{C_\alpha\}_{\alpha \in \Gamma}$ をある空間 X 内の集合族とする．このとき，Γ の任意の $\alpha_1, \alpha_2, \cdots, \alpha_n$ に対して $\bigcap_{i=1}^{n} C_{\alpha_i} \neq \emptyset$ であれば，$\{C_\alpha\}_{\alpha \in \Gamma}$ は**有限交差性をもつ**という．

定理 1.43 もし空間 X のすべての有限交差性をもつ任意の閉集合の族 $\{C_\alpha\}_{\alpha \in \Gamma}$ に対して，$\bigcap_{\alpha \in \Gamma} C_\alpha \neq \emptyset$ がなりたつならば，かつそのときに限り X はコンパクトである．

X をハウスドルフ空間とする．もし X の点 p の近傍 $U(p)$ で $\bar{U}$ がコンパクトであるものが存在すれば，X は p で**局所コンパクト** (locally compact) であるという．もし X のすべての点で局所コンパクトであれば，X を**局所コンパクトな空間**であるという．

1-8 コンパクト空間

定理 1.44 X を局所コンパクトなハウスドルフ空間とする．このとき，X に 1 点 $\{\omega\}$ をつけ加え，$X \cup \{\omega\}$ がコンパクトなハウスドルフ空間であるようにできる．

証明 X と抽象的に考えた点 ω を合せて考える．$X \cup \{\omega\}$ の開集合は，X の開集合と X のコンパクトな部分集合 C すべてを考え，$(X-C) \cup \{\omega\}$ なる形の集合をあわせたものとする．(ただし $X \cup \{\omega\}$ が開集合であるために $C = \emptyset$ の場合も考慮にいれる)．したがって，点 ω の近傍はすべて $(X-C) \cup \{\omega\}$ という形の集合である．

この定義から，$X \cup \{\omega\}$ が位相空間であることを証明するのはやさしい．

$X \cup \{\omega\}$ はハウスドルフ空間である．

次に，$X \cup \{\omega\}$ がコンパクトであることを証明する．$\{O_\alpha\}_{\alpha \in \Gamma}$ を $X \cup \{\omega\}$ の開被覆とする．この $\{O_\alpha\}_{\alpha \in \Gamma}$ の中で点 ω を含むものを O_{α_0} とすると，$O_{\alpha_0} = (X - C_{\alpha_0}) \cup \{\omega\}$ である．ただし C_{α_0} はコンパクトである．ゆえに C_{α_0} は有限個の $\{O_\alpha\}_{\alpha=1,2,\cdots,n}$ で被覆できる．したがって $X \cup \{\omega\}$ も，これらの有限個の $\{O_\alpha\}_{\alpha=1,2,\cdots,n}$ と O_{α_0} によって被覆できる． □

例 22 この定理のよく知られている例として，平面 $\boldsymbol{R}^2$ に無限遠点 ω をつけ加えたものが考えられる．$\boldsymbol{R}^2 \cup \{\omega\}$ は球面 S^2 と同位相であることを確かめられたい．同様にして，n 次元ユークリッド空間 $\boldsymbol{R}^n$ に無限遠点 ω をつけ加えたものは n 次元球面 S^n に同相である．

練習問題

1. コンパクトの定義で $X=C$ として C がコンパクトであれば，C がいかなる空間の部分空間であってもコンパクトであることを証明せよ．
2. 定理 1.35 の証明法を使って，次の命題を証明せよ．
   (1) コンパクトなハウスドルフ空間は正則である．
   (2) コンパクトなハウスドルフ空間は正規である．
3. 開区間 $(-1, 1)$ がコンパクトでないことを証明せよ．
4. 定理 1.43 を証明せよ．
5*. X をハウスドルフ空間とし，$f:[0,1] \longrightarrow X$ を連続な写像とする．このとき，$g:[0,1] \longrightarrow X$ で，$f(0)=g(0)$, $f(1)=g(1)$ かつ $g(x) \leq f(x)$ であるような 1 対 1 連続な写像 g が存在することを証明せよ．
6. 有界でない集合はコンパクトではないことを証明せよ．

1-9 コンパクト距離空間

(X, d) を距離空間, A を X の部分集合, p を X の点とするとき,
$$d(p, A) = \inf d(p, x)$$
とおき, $d(p, A)$ を点 p から集合 A への**距離**(metric)という. このとき, 次の定理は容易に証明される.

> **定理 1.46** $p \in \overline{A}$ ならば $d(p, A) = 0$, かつ逆もなりたつ.

C が X のコンパクトな部分集合で, $p \notin C$ ならば, 連続関数の最小値の定理により $d(p, C) > 0$ であり, ある適当な $x_0 \in C$ が存在して
$$d(p, x_0) = d(p, C)$$
がなりたつ.

A, B が互い交わらない部分集合であれば, A から B への距離 $d(A, B)$ は
$$d(A, B) = \inf_{x \in A, y \in B} d(x, y)$$
によって定義され, A, B がコンパクトであれば, 適当な $x_0 \in A, y_0 \in B$ が存在して
$$d(A, B) = d(x_0, y_0)$$
がなりたつ.

また, A を距離空間 (X, d) の部分集合とするとき,
$$\delta(A) = \sup_{x, y \in A} d(x, y)$$
とおき, $\delta(A)$ を A の**直径**(diameter)という. とくに A がコンパクトであれば, 適当な $x_0, y_0 \in A$ が存在して
$$\delta(A) = d(x_0, y_0)$$
がなりたつ.

以下では, 直線上の閉区間でなりたつボルツァーノ・ワイアストラス (Bolzano-Weierstrass) の定理の一般化について考察する.

> **定理 1.46** (Bolzano-Weierstrass) コンパクト距離空間 X の点列 $\{p_n\}$ は, X のある点に収束する部分点列を含む.

証明 もし $\{p_n\}$ が有限集合であれば定理は成立する. そこで, もし $\{p_n\}$ が

X のどの点にも収束する部分列を含まなければ，X の任意の点 x の近傍 $U_x(x)$ で，$\{p_n\}$ の点を高々有限個しか含まないものが存在する．(もし x 自身が $\{p_n\}$ の中に無限回現れるならば，$\{p_n\}$ は x に収束する部分列を含む．) ここで，$\{U_x(x)\}_{x \in X}$ は X の開被覆であるから，有限個の点 $x_1, x_2, \cdots, x_n$ が存在して，$\{U_{x_i}(x_i)\}_{i=1,2,\cdots,n}$ で X を被覆することができるので，$\{p_n\}$ は有限集合となる． □

定義 一般に，A を距離空間 (X, d) の部分集合，p を X の点とする．点 p の任意の近傍 $U(p)$ に対して $(U(p) - \{p\}) \cap A \neq \emptyset$ であるとき，p を A の**集積点**(accumulation point)といい，$p \in A'$ と表す．(A' は A の集積点の集合を表す．) ■

集積点の概念を使えば，定理1.46は次のようにも述べることができる．

定理 1.46′ コンパクト距離空間 X 内の無限集合は X の中に少なくとも一つの集積点をもつ．

定理 1.47 X をコンパクト距離空間，$\{O_\alpha\}_{\alpha \in \Gamma}$ をその開被覆とするとき，次の性質をもつ数 $\sigma > 0$ が存在する：
 もし部分集合 A の直径 $\delta(A) < \sigma$ ならば，適当な $\alpha_0 \in \Gamma$ が存在して $A \subseteq O_{\alpha_0}$ となる．
(この σ を開被覆 $\{O_\alpha\}_{\alpha \in \Gamma}$ の**ルベーグ**(Lebesgue)**数**という．)

証明[†] もしこのような σ が存在しないならば，任意の n に対して $\delta(A_n) < \dfrac{1}{n}$ であり，かつどの O_α にも含まれないような A_n が存在する．各 A_n から点 p_n を選べば，点列 $\{p_n\}$ の部分列で X の点 p に収束するものがある．p はある O_{α_0} に含まれるので，p の近傍 $U_\varepsilon(p)$ で $U_\varepsilon(p) \subseteq O_{\alpha_0}$ なるものがある．$\dfrac{2}{n} < \varepsilon$ を満たす n に対して，$d(p_n, p) < \dfrac{1}{n}$ であるから，$p_n \in U_\varepsilon(p)$．したがって，A_n の任意の点 x について

[†] 定理1.47は，任意の無限集合が少なくとも一つの集積点をもつことだけを仮定して証明されていることに注意せよ．このことは定理1.49の証明を理解するうえで必要である．

$$d(x, p) \leq d(x, p_n) + d(p_n, p)$$
$$< \frac{1}{n} + \frac{1}{n} < \frac{2}{n} < \varepsilon$$

であり，$A_n \subseteq U_\varepsilon(p) \subseteq O_{\alpha_0}$ がなりたつ．このことは A_n のとり方に反する． □

定理 1.48 X を任意の無限部分集合が少なくとも一つの集積点をもつような距離空間とするならば，任意の $\varepsilon > 0$ に対して，X の有限被覆 $\{U_1, U_2, \cdots, U_n\}$ で $\delta(U_i) < \varepsilon$ $(i = 1, 2, \cdots, n)$ であるようなものが存在する．(このような性質を**全有界性**(totally boundedness)という．)

証明 もし X が全有界でなければ，ある $\varepsilon > 0$ に対して，有限個の ε-近傍で X を被覆することができない．x_1 を任意にとり，$x_1, x_2, \cdots, x_n$ が与えられたとき，

$$x_{n+1} \in X - \bigcup_{i=1}^{n} V_\varepsilon(x_i)$$

であるように x_{n+1} を選ぶ．このような点列 $\{x_n\}$ はどの 2 点 x_i, x_j に対しても $d(x_i, x_j) \geq \varepsilon$ であるので，収束する部分列をもたない． □

定理 1.49 距離空間 X は，もし任意の無限部分集合が少なくとも一つの集積点をもつならば，コンパクトである．

証明 $\{U_\alpha\}_{\alpha \in \Gamma}$ を X の開被覆とし，$\{V_\alpha\}_{\alpha \in \Gamma}$ のルベーグ数を $\sigma > 0$ とする．$\sigma > 0$ に対して，有限被覆 $\{V_1, V_2, \cdots, V_n\}$ で $\delta(V_i) < \sigma$ $(i = 1, 2, \cdots, n)$ であるものが存在する．$V_i \subseteq U_{\alpha_i}$ $(i = 1, 2, \cdots, n)$ であるように U_{α_i} がとれるので，有限開被覆 $\{U_{\alpha_1}, U_{\alpha_2}, \cdots, U_{\alpha_n}\}$ が存在する． □

定理 1.50 f をコンパクト距離空間 (X, d_X) から距離空間 (Y, d_Y) への連続写像とする．このとき，任意の $\varepsilon > 0$ に対してある $\delta > 0$ が存在して，X の任意の 2 点 x, y に対して，$d_X(x, y) < \delta$ ならば $d_Y(f(x), f(y)) < \varepsilon$ がなりたつ．

[注意] この定理の主張は記号的には次のようになる．
$$\forall \varepsilon > 0,\ \exists \delta > 0,\ \forall x, y \in X,\ d_X(x, y) < \delta \implies d_Y(f(x), f(y)) < \varepsilon.$$

次に，f が連続であることは，
$$\forall a \in X, \forall \varepsilon > 0, \exists \delta_a > 0, \forall x \in X, \ d_X(a,x) < \delta_a \implies d_Y(f(a), f(y)) < \varepsilon.$$
後者において，δ_a は a に関係していることに注意せよ．

証明　$\varepsilon > 0$ が与えられたとする．f は任意の点 a で連続であるので，
$$\exists \delta_a > 0, \ d_X(a,x) < \delta_a \implies d_Y(f(a), f(x)) < \frac{\varepsilon}{2}.$$
開被覆 $\{U_{\delta_a}(a)\}_{a \in X}$ のルベーグ数を σ とする．$\delta = \sigma$ とおけば，$d_X(x,y) < \delta$ ならば，集合 $\{x, y\}$ はある $U_{\delta_a}(a)$ に含まれる．すなわち，$d_X(x,a) < \delta_a$ かつ $d(y,a) < \delta_a$ である．したがって，
$$d_Y(f(x), f(y)) \leq d_Y(f(x), f(a)) + d_Y(f(a), f(y))$$
$$< \frac{\varepsilon}{2} + \frac{\varepsilon}{2} = \varepsilon$$
がなりたつ．　□

注意　定理 1.49 は，コンパクト距離空間上の連続関数は一様連続であるということをいい表している．直線上の閉区間上で実数値をとる連続関数が一様連続であることは解析学で習うことである．

少なくとも 2 点を含むコンパクト距離空間は，連結であるとき**連続体**(continuum)とよばれる．連続体は位相幾何学の重要な研究対象の一つである．例えば，閉区間の距離空間への連続な像は連続体である(**連続曲線**または**ペアノ**(Peano)**曲線**とよばれる)．どのような連続体が連続曲線であろうか．これに関しては以下に述べる定理 1.51 がある．

位相空間 X の点 p で，p の任意の近傍 $U(p)$ に対して $V(p) \subseteq U(p)$ であるような p の連結な近傍 $V(p)$ が存在するとき，X は点 p で**局所連結**であるという．もし X がそのすべての点で局所連結ならば，単に**局所連結**であるという．

定理 1.51（Hahn-Mazurkiewicz）　連続体 X が連続曲線であるための必要十分条件は，X が局所連結であることである．

正方形 $I \times I$ は局所連結な連続体であるので連続曲線である．すなわち，閉区間 $[0, 1]$ から正方形 $I \times I$ 上への連続な写像が存在する．このことは Peano によってはじめて指摘された．

練習問題

1. 関数 $y=f(x)=\dfrac{1}{x}$ $(x>0)$ は連続であるが,一様連続ではないことを証明せよ.

2. 距離空間 (X,d) の2点 x,y は,次のような点列
$$\begin{cases} x=x_0, x_1, x_2, \cdots, x_n=y, \\ d(x_i, x_{i+1})<\varepsilon \quad (i=0,1,\cdots,n-1) \end{cases}$$
が存在するとき ε-鎖 (ε-chain) で結べるという.コンパクト距離空間 X が連結であるための必要十分条件は,X の任意の2点 x,y が任意の $\varepsilon>0$ に対して ε-鎖で結べることを証明せよ.

3. X をコンパクト距離空間,p を X の点とする.このとき,点 p の連結成分は p を含むすべての閉かつ開な集合の積に等しいことを証明せよ.(すなわち連結成分と擬連結成分とは一致する.)

4. (1) $\mathbf{R}^2$ において,$A\cap B=\emptyset$ であり,かつ $d(A,B)=0$ であるような2つの閉集合 A,B の例をあげよ.

   (2) $\mathbf{R}^n$ において,C を閉集合,$p\notin C$ であるとき,適当な $x_0\in C$ が存在して,$d(p,x_0)=d(p,C)$ となることを証明せよ.

5. A を距離空間 (X,d) の部分集合とするとき,次の命題を証明せよ.

   (1) $p\in A'$ であるとき,p の任意の近傍 $U(p)$ は A の点を無限に含む.

   (2) $(A')'\subseteq A'$.

   (3) $\bar{A}=A\cup A'$.

   (4) A' は閉集合であること.

1-10 完備距離空間

本節は第2章以下とは直接関係はないが,位相空間論には,とくに解析学への応用上,不可欠な事柄である.ただし内容は最小限にとどめる.

実数の集合 $\mathbf{R}$ 上で,数列 $a_1, a_2, \cdots, a_n, \cdots$ が収束するための必要十分条件は,

「任意の実数 $\varepsilon>0$ に対してある自然数 N が存在して,任意の $m,n>N$ について

$$|a_m-a_n|<\varepsilon$$

がなりたつ」

ことである (**コーシー**(Cauchy) **の定理**).

このコーシーの定理が成立していることは解析学において重要な位置をしめるので,このことを距離空間において調べよう.

距離空間 (X,d) において,点列 $a_1, a_2, \cdots, a_n, \cdots$ は,任意の $\varepsilon>0$ に対して

1-10 完備距離空間

ある自然数 N が存在して, 任意の $m, n > N$ について
$$d(a_m, a_n) < \varepsilon$$
であるとき, **基本列** (fundamental sequence) (または**コーシー列**) であるという.

定義 距離空間はそのすべての基本列が収束するとき, **完備** (complete) であるという. ∎

上記のコーシーの定理により, 実数 $\boldsymbol{R}$ の集合は完備であり, 開区間 $(0, 1)$ は完備ではない.

一般に X を位相空間とし, A をその部分集合, $\overline{A}$ を閉包とするとき, $\overline{A} = X$ であれば A は X で**稠密**(dense)であるという. 例えば, 有理数の集合 $\boldsymbol{Q}$ は実数の集合 $\boldsymbol{R}$ で稠密である.

次の定理は解析学でよく使われる定理である.

定理 1.52 完備距離空間 (X, d) で $\{O_n\}$ を X で稠密な開集合族とすれば, $\bigcap_{n=1}^{\infty} O_n$ も X で稠密である.

証明 $p \in X$ とし, $p \in \overline{\bigcap_{n=1}^{\infty} O_n}$ であることを証明する.

点 p の近傍 $U_\varepsilon(p)$ は開集合 O_1 の点 p_1 を含む. ここで, 点 p_1 の近傍 $U_{\varepsilon_1}(p_1)$ を, $U_{\varepsilon_1}(p_1) \subset O_1$, $U_{\varepsilon_1}(p_1) \subset U_\varepsilon(p)$, $\varepsilon_1 < \dfrac{\varepsilon}{3}$ であるように選ぶ.

次に, 点 p_1 の近傍 $U_{\varepsilon_1}(p_1)$ は O_2 の点 p_2 を含む. ここで, 点 p_2 の近傍 $U_{\varepsilon_2}(p_2)$ を, $U_{\varepsilon_2}(p_2) \subset O_2$, $U_{\varepsilon_2}(p_2) \subset U_{\varepsilon_1}(p_1)$, $\varepsilon_2 < \dfrac{\varepsilon_1}{3}$ であるように選ぶ.

以下同様にして, $p_n \in O_n$ と $U_{\varepsilon_n}(p_n)$ が選ばれているとき, 点 p_n の近傍 $U_{\varepsilon_n}(p_n)$ は開集合 O_{n+1} の点 p_{n+1} を含む. ここで, 点 p_{n+1} の近傍 $U_{\varepsilon_{n+1}}(p_{n+1})$ を, $U_{\varepsilon_{n+1}}(p_{n+1}) \subset O_{n+1}$, $U_{\varepsilon_{n+1}}(p_{n+1}) \subset U_{\varepsilon_n}(p_n)$, $\varepsilon_{n+1} < \dfrac{\varepsilon_n}{3}$ であるように選ぶ. このように選ばれた点列 $\{p_n\}$ は基本列であるので, 点列 $\{p_n\}$ は点 $q \in U_\varepsilon(p)$ に収束する. したがって, $q \in \bigcap_{n=1}^{\infty} O_n$ であるので, $\bigcap_{n=1}^{\infty} O_n$ は X で稠密である. □

練習問題

1. 距離空間 X がコンパクトであるための必要十分条件は，X が完備であり，全有界であることを証明せよ．
2. 距離空間が完備であるための必要十分条件は，閉集合の列
$$F_1 \supset F_2 \supseteq \cdots \supseteq F_n \supseteq \cdots$$
が $\lim_{n\to\infty} \delta(F_n)=0$ を満たすとき，$\bigcap_{n=1}^{\infty} F_n \neq \emptyset$ であることを証明せよ．
3. 任意の距離空間 X は，$\bar{X}=Y$ であるような完備距離空間 Y の部分集合であることを証明せよ（Y は X の**完備化**(completion)とよばれる）．[**注意**：有理数の集合から基本列を使って実数の集合を構成する方法によって証明できる．]

2

基 本 群

2-1 群の定義

　群論は代数学の一部門である．本章では主として基本群について述べるが，基本群は位相幾何学の対象であって，群論において基本的なものという意味はない．基本群は群論が位相幾何学に応用された一つの例である．本節では，群について簡単に述べるが，詳しくは群論の専門書を参照されたい．

　定義　集合 G において，G の任意の元 a, b に対して，$a*b \in G$ なる二項演算 $*$ が定義され，次の3つの条件(ⅰ)-(ⅲ)を満たすとき，G を**群**(group)とよぶ．
　（ⅰ）　$a*(b*c)=(a*b)*c \quad (a, b, c \in G)$,
　（ⅱ）　単位元 $e \in G$ が存在して，すべての $a \in G$ に対して
$$e*a = a*e = a,$$
　（ⅲ）　任意の元 $a \in G$ に対して，その逆元 $a^{-1} \in G$ が存在して
$$a*a^{-1} = a^{-1}*a = e.$$

　例1　実数の集合 $\mathbf{R}$ は加法 $+$ を $*$ とよみかえれば群をつくる．単位元 $e=0$ であり，逆元 $a^{-1}=-a$ である．

　例2　集合 $\mathbf{R}-\{0\}$ は乗法 $\times$ を $*$ とよみかえれば群をつくる．単位元 $e=1$ であり，逆元 $a^{-1}=\dfrac{1}{a}$ である．

例 3 集合 $\{1, 2, \cdots, n\}$ の上の 1 対 1 変換 (置換) の全体は，n 次の**対称群** (symmetric group) S_n をつくる．例えば，3 次の対称群 S_3 の場合，

$$s: 1 \to 2, \ 2 \to 3, \ 3 \to 1 \quad \left\{これを \begin{pmatrix} 1 & 2 & 3 \\ 2 & 3 & 1 \end{pmatrix} または \begin{pmatrix} 1 & 2 & 3 \end{pmatrix} と表す.\right\}$$

ここで，

$$t: 1 \to 1, \ 2 \to 3, \ 3 \to 2 \quad \left\{これを \begin{pmatrix} 1 & 2 & 3 \\ 1 & 3 & 2 \end{pmatrix} または \begin{pmatrix} 2 & 3 \end{pmatrix} と表す.\right\}$$

とすれば

$$s*t = \begin{pmatrix} 1 & 2 & 3 \\ 3 & 2 & 1 \end{pmatrix} = \begin{pmatrix} 1 & 3 \end{pmatrix}, \quad t*s = \begin{pmatrix} 1 & 2 & 3 \\ 2 & 1 & 3 \end{pmatrix} = \begin{pmatrix} 1 & 2 \end{pmatrix}$$

であって，$s*t \neq t*s$ である．また，

$$e = \begin{pmatrix} 1 & 2 & 3 \\ 1 & 2 & 3 \end{pmatrix} \quad (e は \textbf{恒等置換} (\text{identity permutation}) とよばれる).$$

$s = \begin{pmatrix} 1 & 2 & 3 \\ a & b & c \end{pmatrix}$ であるとき，$s^{-1} = \begin{pmatrix} a & b & c \\ 1 & 2 & 3 \end{pmatrix}$．($s^{-1}$ は s の**逆置換** (inverse permutation) ともよばれる.)

一般に，G の任意の元 a, b に対して

$$a*b = b*a$$

であるとき，G を**可換群** (commutative group)，または**加群** (additive group) といい，$*$ を $+$ で表すことが多い．このとき $e = 0, a^{-1} = -a$ とする．以下ではとくに必要のない限り $a*b$ を単に ab と表す．

群 G の元の数を G の**位数** (order) という．対称群 S_n の位数は $n!$ であり，S_3 の位数は $6 (= 3!)$ である．位数が有限な群を**有限群** (finite group)，無限な群を**無限群** (infinite group) とよぶ．

次の命題は容易に証明できる．

(i) 群 G はただ一つの単位元をもつ．

(ii) 群 G の任意の元はただ一つの逆元をもつ．

(iii) 方程式 $ax = b$ は $x = a^{-1}b$ なるただ一つの解をもつ．

(iv) $(ab)^{-1} = b^{-1}a^{-1}$．

2-1 群の定義

定義 群 G の部分集合 H は，G において定義されている二項演算によって群をつくるとき，G の**部分群**(subgroup)という. ∎

定義 群 G の元 a に対して $a^n = e$ であるような最小の自然数 n を a の**位数** (order)という. もしすべての自然数 n について $a_n \neq e$ であれば，位数は 0 であるという. ∎

a の位数が $n (\neq 0)$ であれば
$$\{e, a, a^2, \cdots, a^{n-1}\}$$
は位数 n の群をつくる. このような群を，**a で生成される位数 n の巡回群** (cyclic group)という.

H を群 G の部分群とする. このとき，もし
$$ab^{-1} \in H \quad (a \in Hb = \{hb \mid h \in H\})$$
であれば，a, b は **H を法として左合同**であるといい，
$$a \equiv b \mod H$$
と表す. さらに集合 Hb は，b を含む H による**左剰余類**(residue class)とよばれる.

ここで "$\equiv$" が同値律の条件を満たすことを調べる.

(1) $aa^{-1} = e \in H$ であるから，
$$a \equiv a \mod H.$$

(2) $ab^{-1} \in H$ ならば，$(ab^{-1})^{-1} = ba^{-1} \in H$ であるから，
$$a \equiv b \mod H \implies b \equiv a \mod H.$$

(3) $ab^{-1} \in H, bc^{-1} \in H$ ならば，$(ab^{-1})(bc^{-1}) = ac^{-1} \in H$ であるから，
$$a \equiv b \mod H, \quad b \equiv c \mod H \implies a \equiv c \mod H$$

がなりたつ. したがって，この "$\equiv$" は同値律の条件を満たすので，群 G は互いに交わらない左剰余類の集合の和として
$$G = H \cup Ha_1 \cup Ha_2 \cup \cdots \cup Ha_n \cup \cdots$$
と表される. これを G の H による**左分解**といい，左剰余類の数を G における H の**指数**(index)という. 同様にして，H による G の**右剰余類**(right coset)，**右分解**も考えられる.

例 4 対称群 S_3 において，$b = \begin{pmatrix} 1 & 2 \end{pmatrix}$ とすれば $\{e, b\}$ は位数 2 の部分群 H をつくる. S_3 の H による左分解は，$a = \begin{pmatrix} 1 & 2 & 3 \end{pmatrix}$ とすれば

$$H = \{e, b=(1\ 2)\},$$
$$Ha = \{a, ba=(1\ 3)\},$$
$$Ha^2 = \{a^2, ba^2=(2\ 3)\}$$

であり，同様にして H による右分解は

$$H = \{e, b=(1\ 2)\},$$
$$aH = \{a, ab=(2\ 3)\},$$
$$a^2H = \{a^2, a^2b=(1\ 3)\}$$

であり，左分解と右分解とは異なる．

一般に G を有限群，H をその部分群とするとき，H と Ha（または aH）との間には1対1対応が存在するので，

$$(群\ G\ の位数) = (群\ H\ の位数) \cdot (群\ H\ の指数)$$

がなりたつ(**ラグランジュ(Lagrange)の定理**とよばれる)．また H による右剰余類の数と左剰余類の数は等しい．

定義 群 G の部分群 H は G の任意の元 g に対して
$$Hg = gH$$
がなりたつとき，G の**正規部分群**(normal subgroup)であるという． ∎

このとき，H の左分解と右分解とは一致する．また，
$$(aH)(b^{-1}H) = a(Hb^{-1})H = a(b^{-1}H)H = (ab^{-1})H^2 = ab^{-1}H$$
であるので，H による剰余類の集合は群をつくる．この群は G の H による**剰余群**(residue class group)とよばれ，G/H と表される．

例5 例4の S_3 において，$A = \{e, a, a^2\}$ は正規部分群をつくり，S_3/A は
$$A = \{e, a, a^2\} = \{e, (1\ 2\ 3), (1\ 3\ 2)\}$$
と
$$Ab = \{b, ab, a^2b\} = \{(1\ 2), (2\ 3), (1\ 3)\}$$
とからなる群である．

定義 群 G から群 G' への写像 $f: G \longrightarrow G'$ が，任意の元 a, b に対して
$$f(ab) = f(a)f(b)$$

2-1 群の定義

を満たすとき，f を G から G' への**準同型写像**(homomorphism)であるといい，G' は G に**準同型**であるという．もし，f が G から G' 上への1対1対応で準同型写像であるならば，f を**同型写像**(isomorphism)，G' は G に**同型**であるといい，

$$G \cong G'$$

と表す．

例 6 N を群 G の正規部分群とすれば，G から G/N への写像 $f: G \longrightarrow G/N$，すなわち，

$$f: a \in G \longrightarrow Na \in G/N$$

は準同型写像である．このとき，f を G から G/N への**自然な準同型写像**という．

定理 2.1 （準同型定理） f を群 G から群 G' 上への準同型写像とし，N を f の核とすれば，G' は G/N に同型である．

証明 $\bar{f} = G/N \longrightarrow G'$ を $\bar{f}(Na) = f(a)$ によって定義する．

（i） $Na = Nb$ ならば $ab^{-1} \in N$．よって $f(ab^{-1}) = e'$，したがって，$f(a) = f(b)$ であるので，$\bar{f}$ は剰余類の表し方によらない．

（ii） $\bar{f}(Na) = \bar{f}(Nb)$ であれば，$f(a) = f(b)$ であり，$f(a)f(b)^{-1} = e'$ より $f(ab^{-1}) = e'$．ゆえに $ab^{-1} \in N$ であり，$Na = Nb$ であるので，$\bar{f}$ は1対1の対応である．

（iii） $\bar{f}(Na)\bar{f}(Nb) = f(a)f(b) = f(ab) = \bar{f}(Nab)$ であるので，$\bar{f}$ は準同型対応である．

（iv） $a' \in G'$ とすれば，$a \in G$ で $f(a) = a'$ となる $a \in G$ が存在する．$\bar{f}(Na) = f(a) = a'$ であるので，$\bar{f}$ は G/N から G' 上への対応である．

したがって，（i）〜（iv）より，$\bar{f}$ は G/N から G' 上への同型写像である． □

定義 群 G_1, G_2 が与えられたとき，その**直積**(direct product) $G_1 \times G_2$ は $g_1 \in G_1, g_2 \in G_2$ の双対 (g_1, g_2) の集合で，$(g_1, g_2), (h_1, h_2)$ の積は

$$(g_1, g_2)(h_1, h_2) = (g_1 h_1, g_2 h_2)$$

によって定義される．

このとき直積 $G_1 \times G_2$ は群となる. その単位元は (e_1, e_2) (e_i は G_i の単位元 ($i=1, 2$)), (g_1, g_2) の逆元は (g_1^{-1}, g_2^{-1}) (g_i^{-1} は g_i の逆元 ($i=1,2$)) である.

ここで,
$$G_1{}^* = \{(g_1, e_2) \mid g_1 \in G_1\}, \quad G_2{}^* = \{(e_1, g_2) \mid g_2 \in G_2\}$$
とすれば, G_i は $G_i{}^*$ と同型である ($i=1,2$). また $G_1 \times G_2$ の任意の元 (g_1, g_2) の表し方は一意的である.

[注意] G_i ($i=1,2$) が加群であるときは, G_1 と G_2 の直積は**直和**(direct sum)ともよばれ, $G_1 \oplus G_2$ とも表される.

練習問題

1. 位数が素数である群は巡回群であることを証明せよ.
2. p, q を素数とするとき, 位数が pq である巡回群は位数 p の巡回群と位数 q の巡回群の直和であることを証明せよ.
3. $G = A \times B$ ならば $G/A \cong B$ なることを証明せよ.
4. G がその部分群 A, B について $G = A \times B$ であるための必要十分条件は
   （1） A, B がともに G の正規部分群であり,
   （2） $G = AB$, $A \cap B = \{e\}$
であることを証明せよ.
5. 群 G の部分集合 H が G の部分群であるための必要十分条件は, すべての $a, b \in H$ に対して $ab^{-1} \in H$ であることを証明せよ.
6. 群 G の 2 つの部分群 H, K に対し
$$HK = \{hk \mid h \in H, k \in K\}$$
が部分群であるための必要十分条件は, $HK = KH$ であることを証明せよ.
7. $f: G \longrightarrow G'$ を準同型写像とすれば,
$$f(e) = e' \ (e' \text{ は } G' \text{ の単位元}), \quad f(a^{-1}) = \{f(a)\}^{-1}$$
がなりたつことを証明せよ.
8. $f: G \longrightarrow G'$ を準同型写像とすれば,
$$f^{-1}(e') = N$$
は G の正規部分群であることを示せ. ここで N を f の**核**(kernel)といい, $\ker f$ で表す.

2-2 基本群の定義

X を弧状連結な距離空間, p を X の点とする. このとき写像 $g: I = [0, 1] \longrightarrow X$ が連続であり, $g(0) = g(1) = p$ であるならば, $g(I)$ は p を始点(かつ終

2-2 基本群の定義

点)とする閉じた道をつくる．また，写像 g 自身のことも p を始点(かつ終点)とする**閉じた道**であるという．

g_1, g_2 を p を始点とする2つの閉じた道とするとき，g_1 と g_2 とが p に関して**準同位(ホモトープ(homotope))** であるとは，以下の条件を満たすホモトピー: $F \times I \longrightarrow X$, すなわち，

$$\begin{cases} F(t, 0) = g_1(t), \quad F(t, 1) = g_2(t), \\ F(0, s) = p = F(1, s) \end{cases}$$

が存在することをいう．

g_1 が g_2 に準同位であることを，$g_1 \sim g_2 \text{ rel } p$ と表す．この関係は同値関係であるので，

$$[g] = \{g' \mid g' \sim g \text{ rel } p\}$$

とおく．また g_1, g_2 が p に関して閉じた道であるとき，以下の式によって定義される $g_1 g_2$ もまた p を始点とする閉じた道であり，g_1 と g_2 の**積**とよばれる．

$$g_1 g_2(t) = \begin{cases} g_1(2t) & \left(0 \leq t \leq \dfrac{1}{2}\right), \\ g_2(2t-1) & \left(\dfrac{1}{2} \leq t \leq 1\right). \end{cases}$$

さらに，

$$[g_1][g_2] = [g_1 g_2]$$

と定義する．この定義は代表元 g_1, g_2 のとり方によらない．

剰余類 $[g]$ の集合はこの二項演算によって群をつくる．なぜならば，単位元 $[e]$ は定値写像 $e: I \longrightarrow \{p\}$ によって表され，$[g]$ の逆元 $[g]^{-1}$ は写像 $g^{-1}(t) = g(1-t) \, (t \in I)$ によって表されることは容易にわかる(練習問題)．以下，結合律について証明する．g_1, g_2, g_3 を p を始点とする閉じた道とすれば，

$$(g_1 g_2) g_3(t) = \begin{cases} g_1 g_2(t) & \left(0 \leq t \leq \dfrac{1}{2}\right), \\ g_3(2t-1) & \left(\dfrac{1}{2} \leq t \leq 1\right) \end{cases}$$

$$= \begin{cases} g_1(4t) & \left(0 \leq t \leq \dfrac{1}{4}\right), \\ g_2(4t-1) & \left(\dfrac{1}{4} \leq t \leq \dfrac{1}{2}\right), \\ g_3(2t-1) & \left(\dfrac{1}{2} \leq t \leq 1\right) \end{cases}$$

であり,

$$g_1(g_2g_3) = \begin{cases} g_1(2t) & \left(0 \leq t \leq \frac{1}{2}\right), \\ g_2g_3(2t-1) & \left(\frac{1}{2} \leq t \leq 1\right) \end{cases}$$

$$= \begin{cases} g_1(2t) & \left(0 \leq t \leq \frac{1}{2}\right), \\ g_2(4t-2) & \left(\frac{1}{2} \leq t \leq \frac{3}{4}\right), \\ g_3(4t-3) & \left(\frac{3}{4} \leq t \leq 1\right) \end{cases}$$

である.いまホモトピー $F: I \times I \to X$ を

$$\begin{cases} g_1\left(\dfrac{4t}{s+1}\right) & \left(0 \leq t \leq \dfrac{s+1}{4}\right), \\ g_2(4t-s-1) & \left(\dfrac{s+1}{4} \leq t \leq \dfrac{s+2}{4}\right), \\ g_3\left(\dfrac{4}{2-s}\left(t - \dfrac{s+2}{4}\right)\right) = g_3\left(\dfrac{4t-s-2}{2-s}\right) & \left(\dfrac{s+2}{4} \leq t \leq 1\right) \end{cases}$$

によって定義すれば, F は $(g_1g_2)g_3$ と $g_1(g_2g_3)$ の間の準同位を与える.

このようにして定義された, X の点 p で閉じた道の剰余類がつくる群を, X の点 p における**基本群**(fundamental group)といい, $\pi_1(X, p)$ と表す.

X を弧状連結と仮定したので, $p, q \in X$ とするとき, p を始点, q を終点とする道 $w: I \to X$, $w(0) = p$, $w(1) = q$ が存在する. $g \in \pi_1(X, p)$ に対して, $w^{-1}gw: I \to X$ を

$$w^{-1}gw(t) = \begin{cases} w(1-3t) & \left(0 \leq t \leq \frac{1}{3}\right), \\ g(3t-1) & \left(\frac{1}{3} \leq t \leq \frac{2}{3}\right), \\ w(3t-2) & \left(\frac{2}{3} \leq t \leq 1\right) \end{cases}$$

と定義すれば, $w^{-1}gw$ は q を始点とする閉じた道であり, 対応 $[g] \to [w^{-1}gw]$ は, 基本群 $\pi_1(X, p)$ から基本群 $\pi_1(X, q)$ 上への同型対応を与える. したがって抽象的には, $\pi_1(X, p)$ の代わりに $\pi_1(X)$ と書いてもよい. ただし道に関する議論が含まれているときは, はっきりと $\pi_1(X, p)$ と表示することが必要である.

定理 2.2 $f:(X,p)\to(Y,q)$ を, X を Y に, X の点 p を Y の点 q にうつす連続写像とすれば, f は $\pi_1(X,p)$ を $\pi_1(Y,q)$ にうつす準同型写像を誘導する.

練習問題

1. $p\in X$ とするとき, 定値写像 $e:I\to\{p\}$ の剰余類 $[e]$ は $\pi_1(X,p)$ の単位元であることを証明せよ.
2. $[g]\in\pi_1(X,p)$ であるとき, $g^{-1}(x)=g(1-t)$ $(0\leq t\leq 1)$ によって表される $[g^{-1}]$ は $[g]$ の逆元であることを証明せよ.
3. 定理 2.1 を証明せよ.
4. 空間 X が**可縮**(contractible)であるとは, 次のようなホモトピー $F:X\times I\to X$, すなわち,
$$\begin{cases} F(x,0)=x, \\ F(x,1)=p \end{cases} (p\in X)$$
が存在することをいう. このとき, $\pi_1(X,p)$ は自明な群 $\{[e]\}$ であることを証明せよ, ただし $e:I\to\{p\}$ とする.
   一般に $\pi_1(X)=\{[e]\}$ であるとき, X は**単連結**(simply connected)であるとよばれる.
5. $f:X\to Y$, $g:Y\to X$ であり, かつ $f\circ g\sim\mathrm{id}_X$, $g\circ f\sim\mathrm{id}_Y$ であるとき, すなわち, $f\circ g$ が X の恒等写像 id_X, $g\circ f$ が Y の恒等写像 id_Y とそれぞれホモトープであれば, **X と Y とは同じホモトピー型をもつ**という. このとき, 基本群 $\pi_1(X)$ と $\pi_1(Y)$ が同型であることを証明せよ.

2-3 円周の基本群

本節では, 円周 S^1 の基本群 $\pi_1(S^1)$ が無限巡回群 Z と同型であることを証明する. $g\in\pi_1(S^1,p)$ とするとき, $g:I\to S^1$ は p を始点とし, S^1 を何回か回って p を終点とする道を表すので, 正負の方向も考慮に入れて何回 S^1 を回ったかという数 $d(g)$ は整数であり, $d:\pi_1(S^1,p)\to Z$ が同型対応を与えることになる. このことをもう少し詳しく解説すれば以下のようになる.

まず, $S^1=\{(x,y)\mid x^2+y^2=1\}$ とし, $p=(1,0)$ とする. 写像 $f:\mathbf{R}\to S^1$ を
$$f(x)=e^{2\pi ix}$$
で定義する. この写像 $f(x)$ は次のような性質をもっている. $|b-a|<1$ とすれば $f|(a,b)$ は同相写像である. このことから, $g\in\pi_1(S^1,p)$ とすれば, $f\bar{g}=$

g がなりたつような $\bar{g}: I \to \mathbf{R}$, $\bar{g}(0)=p$ が存在することがわかる. このことを, g を f^{-1} を使って $\bar{g}$ に**持ち上げる**(lifting)(**リフトする**)という. このとき, $\bar{g}(1)=d(g)$ は整数である. さらに, g_0 と g_1 が $F: I\times I \to S^1$ によって準同位であれば, $g_t(x)=F(x,t)$ とし, $\bar{g}_t$ を $\bar{g}_t(0)=p$ を満たす $g_t(x)$ のリフトとすれば, $d(g_t)=\bar{g}_t(1)$ も t に関係なくつねに整数であるので,

$$d(g_0)=\bar{g}_0(1)=\bar{g}_t(1)=g_1(1)=d(g_1) \qquad (0<t<1)$$

がなりたつ.

逆に $d(g_0)=d(g_1)$ であれば, $F: I\times I \to I$ を
$$F(x,t)=f((1-t)\bar{g}_0(x)+t\bar{g}_1(x))$$
によって定義すれば, $g_0(t)=F(t,0)$ と $g_1(t)=F(t,1)$ が準同型であることがわかる. さらに
$$d(g_1,g_2)=d(g_1)+d(g_2)$$
がなりたつので, $\pi_1(S^1, p)$ は $\mathbf{Z}$ と同型である.

2-4 群の生成元と関係子

まず例として 3 次の対称群 S_3 からはじめる.
$$S_3=\{e, (1\ 2\ 3), (1\ 3\ 2), (2\ 3), (1\ 2), (1\ 3)\}$$
であるが, ここで $a=(1\ 2\ 3)$, $b=(2\ 3)$, $1=e$ とおけば
$$S_3=\{1, a, a^2, b, ba, ba^2\},$$
ただし
$$a^3=1, \qquad b^2=1, \qquad ab=ba^2$$
である. 最後の式は, b が a の後にあるとき, a を a^2 に代えて b を a の前にもってくることができることを意味している. $a^3=1, b^2=1$ であるので, その元が a, b の積によって表され, $ab=ba^2$ なる関係のある群であれば, この群の 6 つの元は
$$b^\alpha a^\beta \qquad (\alpha=0, 1,\ \beta=0, 1, 2)$$
なる形で表されることになるので, これらの関係だけで S_3 の構造を記述するのに十分であることがわかる. このとき, a, b は S_3 の**生成元**(generator), $a^3=1, b^2=1, ab=ba^2$ は S_3 の**関係式**, また $a^3, b^2, aba^{-2}b$ は**関係子**とよばれる.

一般に, 群 G の部分集合 $\boldsymbol{x}$ は, G の任意の元 g_i が $\boldsymbol{x}$ の元の積として

のように表されるとき，G の**生成元の集合**とよばれる．またこのとき

$$r_i = \prod_{j=1}^{n} x_{ij}{}^{\varepsilon_j} = 1 \quad (x_{ij} \in \boldsymbol{x},\ \varepsilon_j = \pm 1)$$

であれば，$r_i=1$ は G の**関係式**，r_i は G の**関係子**とよばれる．ここで，G の関係子の集合 $\boldsymbol{r}$ は，もし任意の関係子 r_i が

$$r_i = \prod_{j=1}^{n} g_j{}^{\varepsilon_j} r_{ij} g_j{}^{-\varepsilon_j} \quad (r_{ij} \in \boldsymbol{r},\ g_j \in G,\ \varepsilon_j = \pm 1)$$

として表されるとき，**G を表示する関係子の集合**とよばれ，また群 G は

$$G = \{\boldsymbol{x} \mid \boldsymbol{r}\}$$

とも表示され，G の**生成元と関係子**(または関係式)**による表示**とよばれる．
例えば S_3 は，

$$S_3 = \{a, b \mid a^3, b^2, aba^{-2}b\}$$

という形で，生成元 a, b と 3 つの関係子で表示される．また，関係子ではなく関係式を使って

$$S_3 = \{a, b \mid a^3 = 1, b^2 = 1, ab = ba^2\}$$

と表示されることも多い．

2-5　ファン カンペンの定理

X, Y はそれぞれ弧状連結な空間で，かつ $X \cup Y$ の開部分集合であるとし，$X \cap Y$ も弧状連結であるとする．$p \in X \cap Y$ とし，$\pi_1(X \cup Y, p)$ を $\pi_1(X, p)$, $\pi_1(Y, p), \pi_1(X \cap Y, p)$ を用いて表示することを考えよう．

$$\pi_1(X, p) = \{\boldsymbol{x} \mid \boldsymbol{r}\},$$
$$\pi_1(Y, p) = \{\boldsymbol{y} \mid \boldsymbol{s}\},$$
$$\pi_1(Y \cap Y, p) = \{\boldsymbol{z}, \boldsymbol{t}\}$$

としよう．$\pi_1(X \cup Y, p)$ の生成元として $\{\boldsymbol{x}, \boldsymbol{y}\}$ で十分であることは明らかである．また $\boldsymbol{r}, \boldsymbol{s}$ が $\pi_1(X \cup Y, p)$ の関係子であることも当然である．ここで，関係子 $\boldsymbol{t}$ は $\pi_1(X, p)$ の関係子でもあるので，$\boldsymbol{x}$ を使って書きあらためたものを $\boldsymbol{t}(\boldsymbol{x})$ とする．同様に，$\boldsymbol{t}$ は $\pi_1(Y, p)$ の関係子でもあるので，$\boldsymbol{y}$ を使って書きあらためたものを $\boldsymbol{t}(\boldsymbol{y})$ とする．そうすれば $\boldsymbol{t}(\boldsymbol{x}) = \boldsymbol{t}(\boldsymbol{y})$ でなければならないので，$\boldsymbol{t}(\boldsymbol{x})\boldsymbol{t}^{-1}(\boldsymbol{y})$ も $\pi_1(X \cup Y, p)$ の関係子となる．ここで $\pi_1(X \cup Y, p)$ は，

生成元と関係子を使って
$$\{x, y \mid r, s, t(x)t^{-1}(y)\}$$
と表示される群であるというのが，いわゆる**ザイフェルト・ファン カンペン**(Seifert-van Kampen)**の定理**である．

現在では，上述の定理をより抽象的に一般化したものを**ファン カンペンの定理**として述べ，上述の定理はその系として証明されることが多いが，この一般化された定理の記述も証明もかなり長くなるので，本書では省略する．

以下，上述の定理の特別な場合を例としてあげておく．

例 7 $X \cap Y$ が単連結の場合．このとき，
$$\pi_1(X \cup Y, p) = \{x, y \mid r, s\}$$
であり，$\pi_1(X \cup Y, p)$ は $\pi_1(X, p)$ と $\pi_1(Y, p)$ の**自由積**(free prduct)であるといわれる．少々省略化した表現をとれば，$\pi_1(X \cup Y, p)$ の元は，$\pi_1(X, p)$ の元 f_i と $\pi_1(Y, p)$ の元 g_j を交互に並べて
$$f_1 g_1 f_2 g_2 \cdots f_i g_i \cdots f_n g_n$$
と表される．なお $f_i g_i, g_j f_{j+1}$ は簡易化できない．

例 8 とくに Y が開輪環面で，図 2.1 のように X と交っている場合．このとき，
$\pi_1(Y, p) = \{y \mid \ \}$ （無限巡回群とすれば，$\pi_1(X \cup Y, p) = \{x, y \mid r\}$）
である．同じホモトピー型の範囲内では，$X \cup Y$ は X の 2 点 A, B を X の外側で道で結んだものと同値である(図 2.2)．

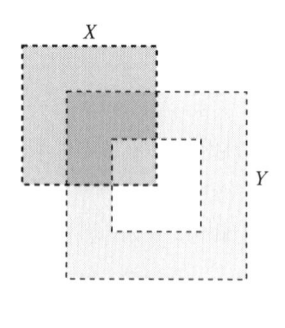

図 2.1

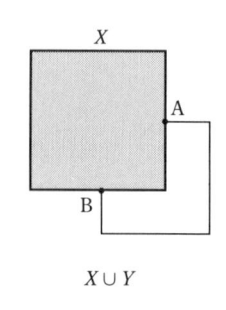

図 2.2

2-6　多面体とその基本群

　m 次元ユークリッド空間 $\boldsymbol{R}^m$ で (-1) 次元単体 s^{-1} は空集合，0 次元単体 s^0 は 1 点 P，1 次元単体は線分 P_0P_1，2 次元単体 s^2 は $\triangle P_0P_1P_2$ である．一般に $(n-1)$ 次元単体 s^{n-1} が定義されたとし，$s^{n-1} \subset \boldsymbol{R}^p \subset \boldsymbol{R}^m$ とすれば，$\boldsymbol{R}^p$ 外の 1 点 P_n と s^{n-1} の点を結ぶすべての線分によって生ずる図形を **n 次元単体** (simplex) s^n という．n 次元単体 s^n は $(n+1)$ 個の一次独立な点 $P_0, P_1, \cdots, P_n$ によって一意的に決まるので，
$$s^n = P_0 P_1 \cdots P_n$$
とも表される．s^n の k 個 $(0 \leq k \leq n+1)$ の頂点
$$P_{i_0}, P_{i_1}, \cdots, P_{i_{k-1}}$$
からなる部分集合は，$(k-1)$ 次元単体 s_i^{k-1} を決める．s_i^{k-1} を s^n の**辺単体**という．とくに，$(n-1)$ 次元単体 s_i^{n-1} は
$$P_{i_0}, \cdots, \widehat{P_{i_j}}, \cdots, P_n$$
とも表される（^ は点 P_{i_j} を除くことを意味する）．

　次に，**複体** (complex) K は m 次元ユークリッド空間 $\boldsymbol{R}^m$ 内の有限個の単体の集合であって，次の 2 つの条件 (i), (ii) を満たすものである．

（ⅰ）単体 x^n が K に含まれているならば，x^n のすべての辺単体も K に含まれている．

（ⅱ）x^p と x^q が K に含まれているならば，$x^p \cap x^q$ は x^p, x^q の辺単体である．

　図 2.3 において，K_1 が $\triangle P_0P_1P_2$ と線分 P_3P_4，およびそれらのすべての辺単体からなる集合ならば，K_1 は複体ではない．K_2 が $\triangle P_0P_1P_3$ と $\triangle P_0P_3P_2$ と線分 P_3P_4，およびそれらのすべての辺単体からなる集合であれば，K_2 は複体である．

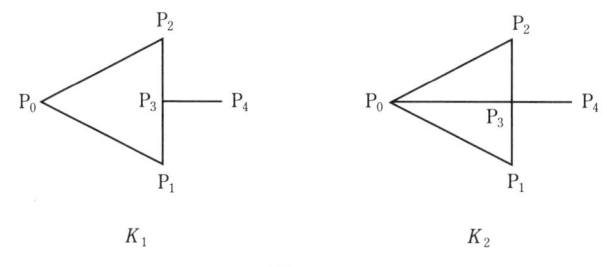

図 2.3

位相空間 X が，ある m 次元ユークリッド空間内の複体 K に同相であるとき，X は**多面体**(polyhedron)とよばれる．したがって，多面体にはそれに付随する複体(または X の**三角形分割**とよばれる)の存在が想定されている．

複体 K のつくる単体の部分集合 K' はそれ自身で複体をつくるとき**部分複体**(subcomplex)とよばれる．

X を連結な多面体とする．また T を X の 1 次元単体の集りでできている**極大な木**(maximal tree)とする．すなわち，連結集合 T は X のすべての 0 次元単体(頂点)を含み，閉じた道を含まない．$X-T$ に含まれる 1 次元単体を $\vec{g}_i$ とし，$\vec{g}_i$ に基本群 $\pi_1(X-p)$ の生成元 g_i を対応させる．すなわち，T の頂点の一つを p とし，g_i は p から T の上をたどって $\vec{g}_i$ の始点にいき，$\vec{g}_i$ の上を通ってその終点にいき，そこから T の上をたどって p に戻る閉じた道を表している(図 2.4(a))．(T の上で p と $\vec{g}_i$ の始点を結ぶ道，$\vec{g}_i$ の終点と p を終ぶ道が一意的に決まることに注意せよ．)

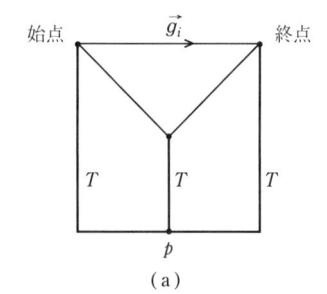

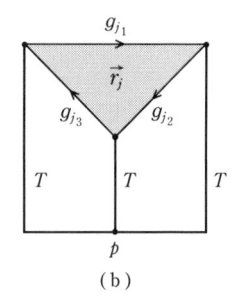

図 2.4

また，X の 2 次元単体 $\vec{r}_j$ に対して，関係式

$$r_j = g_{j_1} g_{j_2} g_{j_3} = 1$$

を対応させる(図 2.4(b))．(ただし $\vec{g}_{j_i}$ が T の上にあるときはそれに対応する項 g_{j_i} を省く．) このようにして，基本群 $\pi_1(X,p)$ の一つの表示

$$\{\cdots, g_{i_j} \cdots \mid \cdots, r_j = 1, \cdots\} \tag{$*$}$$

が得られる．上記の表示($*$)が $\pi_1(X,p)$ の表示であることを証明するには，まず，K を多面体，K' をそのすべての 0 次元単体，1 次元単体，2 次元単体からなる部分複体とし，p を K' の点とすれば

$$\pi_1(K,p) \cong \pi_1(K',p)$$

なることに注目し，さらに K' の基本群について詳細に考察することが必要であるが，ここでは詳しく証明することは省略する．

例 9 $S_3 = \{a, b \mid a^3 = 1, b^2 = 1, a^2b = ba\}$.

図 2.5 の 4 つの図形で，a, b をそれぞれ方向も考慮して張り合わせれば，$\pi_1(X, p) \approx S_3$ なる多面体 X が得られる．

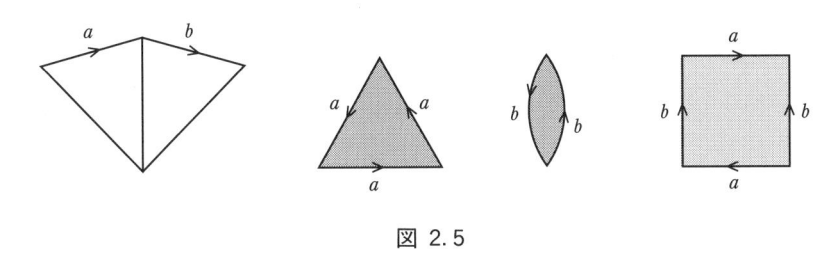

図 2.5

[注意] 関係式 $r_j = 1$ において，$\bar{r}_j$ が三角形でなく多角形でもよいことに注意せよ．

例 10 トーラス(輪環面) T^2 (図 2.6) の基本群 $\pi_1(T^2, p)$ の生成元は a, b, c, d, d' で，関係式は
$$\begin{cases} b = 1, \\ ac = 1, \\ dbd' = 1, \\ adcd' = 1 \end{cases}$$
である．$c = a^{-1}, d' = d^{-1}$ であるので，
$$\pi_1(T^2, p) = \{a, d \mid ada^{-1}d^{-1} = 1\},$$
すなわち，T^2 の基本群は $\mathbf{Z} \oplus \mathbf{Z}$ と同型である．

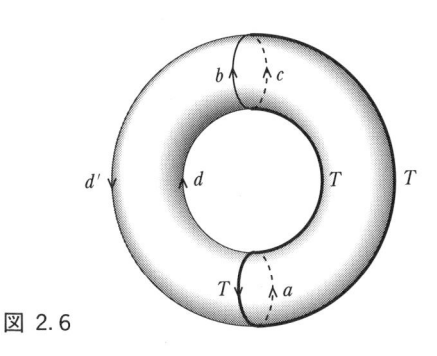

図 2.6

2-7 結び目について

第1章で述べたように，位相幾何学の課題の一つは，2つの位相空間が同相（位相同型）であるかどうかを判定することである．例えば，2つのユークリッド空間 R^m と R^n $(m \ne n)$ とが同相でないということを証明するのは基本的な課題である（この証明はやさしくない）．しかし位相幾何学には同相に関する問題ばかりではなく，次のような種類の問題もあることに注意しよう．

平面 R^2 上で，図 2.7 のように集合 A, B をとる．いずれも円と2つの線分からできた図形であり，A と B は同相である．しかし R^2 をそれ自身にうつす同相写像で，A を B にうつすようなものは存在しない．もし存在したとすれば，A の円は B の円にうつされ，線分が線分にうつされなければならないことが容易にわかる．A の円も B の円も平面を2つの連結成分に分けるが，A のほうでは2つの線分が同じ連結成分に含まれ，B のほうでは2つの線分がそれぞれ他の連結成分に含まれている．

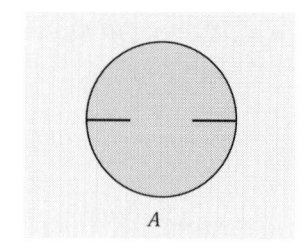

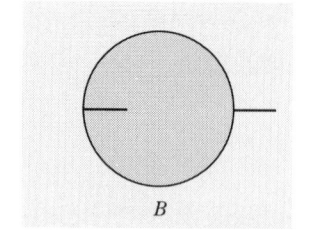

図 2.7

一般に，X と Y とが同相であり，X の部分集合 A と Y の部分集合 B も同相であり，かつ X から Y への同相写像で A を B にうつすものが存在するとき，(X, A) と (Y, B) とは**同位**(isotopy)であるという．そして，X から Y への同相写像で A を B にうつすものが存在しないとき**同位でない**という．$X = Y$ であるときは，簡単に A と B は X で同位または同位でないということもある．

同じ平面 R^2 上に円周 S^1 と2重点のない閉曲線 C (**単純閉曲線**(simple closed curve)という)とがあるとき，R^2 をそれ自身にうつし，かつ S^1 を C にうつすような同相写像が存在する．すなわち，(R^2, S^1) と (R^2, C) とは同位である(**カラテオドリ**(Caratheodory)**の定理**)(証明はやさしくない)．

2-7 結び目について

このことから，単純閉曲線 C が平面を 2 つの領域(連結開集合)に分けること(**ジョルダン(Jordan)曲線の定理**)などがわかる[†]．

空間 $\mathbf{R}^3$ 内の単純閉曲線では事情が一変する．まず図 2.8 の円周 S^1 と図 2.9 の単純閉曲線 K とは同相であるが，$\mathbf{R}^3$ をそれ自身にうつす同相写像で，S^1 を K にうつすようなものは存在しない．(もし存在したとすれば $\mathbf{R}^3-S^1$ と $\mathbf{R}^3-K$ とは同相でなければならないが，$\mathbf{R}^3-S^1$ と $\mathbf{R}^3-K$ とは同相でない．後に述べるように，$\pi_1(\mathbf{R}^3-S^1)$ と $\pi_1(\mathbf{R}^3-K)$ とは群として同型でないからである．)

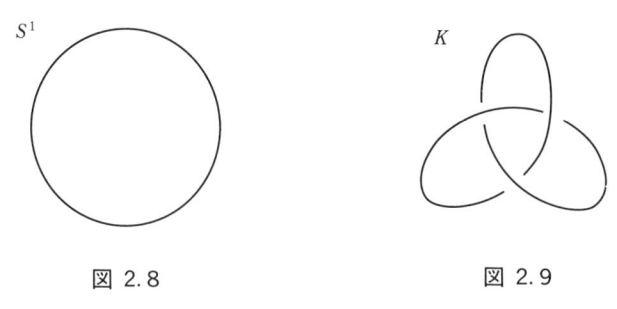

図 2.8　　　　図 2.9

一般に，空間内にある単純閉曲線は**結び目**(knot)とよばれ，同位の問題の研究に基本的な地位をしめている．

ここで結び目に関するいくつかの注意をしておく．

まず日常生活で結び目といえば，図 2.10 のような位置にある単純曲線 C のことをいうが，これではどの結び目も端から順次縮めてゆくことによって同位となることがわかる．それで C の両端を手で持って，さらに両腕と体を含めて考えると，一つの閉曲線 C' ができ上る(図 2.11)．数学でいう結び目とは，

図 2.10　　　　図 2.11

[†] 実はこの順序は逆であって，まずジョルダン曲線の定理が証明され，この定理を使ってカラテオドリの定理が証明される．

図 2.12

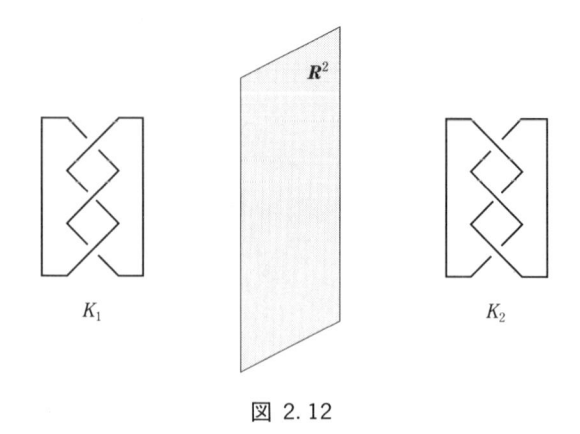

このような閉曲線を抽象化して考えたものである．日常生活で，結び目の結び方が同じであるかどうかを判定するにはこのような考え方が背後にある．

次に，図 2.12 の平面 R^2 の左側にある結び目 K_1 と右側にある結び目 K_2 とは平面 R^2 に関して鏡像の位置にあり，したがって (R^3, K_1) と (R^3, K_2) とは鏡像写像 h によって同位である．しかし，h は空間の向き付けを変える写像であり[†]，もし R^3 の同相写像を向き付けを変えないものに限ることにすれば，K_1 と K_2 とは空間内で同位でないことが知られている．したがって，空間 R^3 で同位の問題を考えるとき，R^3 をそれ自身にうつす同相写像を，空間の向き付けを変えないものに限るかどうか，あらかじめ決めておかねばならない．本書ではとくに断わらない限り，一般の同位の定義に従って，R^3 の同相写像の向き付けを考慮せず，R^3 をそれ自身にうつすものであればよいとする．

結び目について考えるとき，もう一つ注意しておかなければならないことは野生的な結び目のことである．結び目を有限個の線分からなるものとすれば問題はないが，もし無限個でもよいとすれば，図 2.13 のような結び目も考慮しなければならない．このような結び目，すなわち有限個の線分からできている結び目と同位でないもの，空間の同相写像で有限個の線分からなる結び目にうつらない結び目を**野生的な結び目**(wild knot)という．それに対して，有限個の線分からなる結び目と同位な結び目を**順な結び目**(tame knot)という．野生的な結び目もそれ自身興味ある研究対象であるが，本書ではとくに断わらない限り，結び目は順なものとする．したがって結び目は，例えば図 2.9 のように

[†] 空間 R^3 の座標軸の右手系を左手系に変えることを意味する．

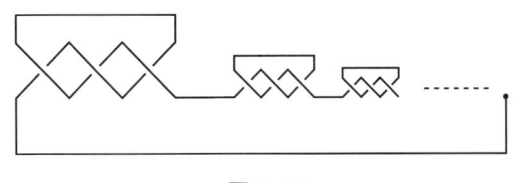

図 2.13

一見滑らかに描かれていても，それは非常に短かい線分が数多く集ってできていると考える．

2-8 結び目群の表示

$k^\dagger$ を $S^3 = \mathbf{R}^3 \cup \{\infty\}$ の中にある2重点のない折線でできた閉じた道，すなわち結び目とする．$p \in S^3 - k$ とし，$\pi_1(S^3-k, p)$ の表示について考えよう．この群は k の**結び目群**(knot group)とよばれるもので，S^3 の中にある k の同位に関する位相的不変量である．

まず $\mathbf{R}^3 - k$ の中に，k の任意の2つの頂点を結ぶ直線上にない点Qをとり，k の任意の点とQを結んでできる(特異な)円錐 K を考える(図2.14をみよ)．ただし K の側線は k と2点で交わることがあるが，3点では交わらないとする．また側線が k と2点で交わるとき，この側線は k の頂点を含まないとする．ここで K の三角形分割を次のように与える．頂点Qおよび結び目 k の頂

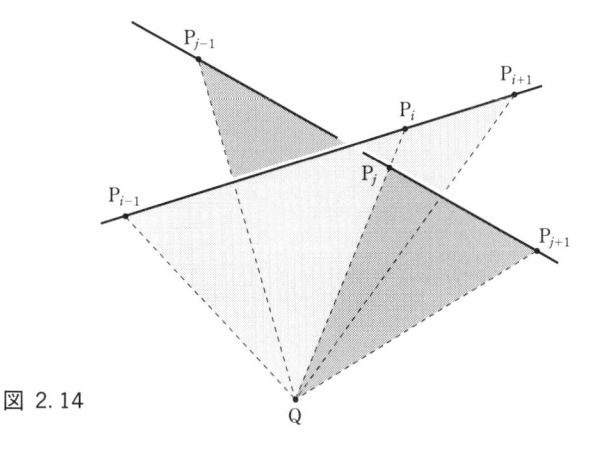

図 2.14

---
† 以降3.6節まで，結び目は K でなく k で表すことにする．

点に，k が K と交差する点も新しく K の 0 次元単体の集合に加える．K の 1 次元単体は新しく加えた頂点も考慮に入れて，k の辺および k の頂点 P_i と Q を結ぶ線分 $\overline{P_iQ}$ とからなるが，$\overline{P_iQ}$ が他の点 P_j で交わるときは線分 $\overline{P_iP_j}$ をとる．2 次元単体は k の辺と Q によって張られる三角形($\overline{P_iQ}$ が P_j 含むときは特異四辺形)からなる．

p を $S^3 - k$ の点にとれば

$$\pi_1(S^3 - k, p) = 1$$

は容易にわかる．以下結び目は向き付けられているものとする．したがって，結び目 k の各辺は $\vec{x}_i$ のように向きを付けて表す．$\vec{x}_i$ に対して，p から出て $\vec{x}_i$ を正の方向(左ねじの回る方向)に一度だけ回り，そして p にもどる道 x_i を対応させる．ただし道 x_i は K とは一点だけで交わっているようにする(図 2.15 をみよ)．このことから，辺 $\vec{x}_i$ と Q からできる三角形の内部を N_i とするとき，

$$X = (S^3 - k) \cup \bigcup_{i=1}^{n} N_i$$

の点 p に関する基本群は

$$\{x_1, x_2, \cdots, x_n \mid \quad \}$$

と表示されることがわかる[†]．ただし n は k の辺の数である．

$S^3 - k$ の基本群の表示を得るためには，k の各項点 P_i と Q とを結び，線分について考えなければならない．

図 2.15   図 2.16

1) 線分 $\overline{P_iQ}$ が P_i 以外では k と交わらない場合．このとき，X に $\overline{P_iQ}$ の内部をつけ加えることは

$$x_i = x_{i+1}$$

とおくことを意味する(図 2.16 をみよ)．

[†] 以下の議論も含めて，これらのことを正確に証明するためには，ファン カンペンの定理を応用する．

2-8 結び目群の表示

2) 線分 $\overline{P_iQ}$ 上に他の点 P_j がある場合. P_i, P_j が, P_i, P_j, Q の順に並んでいるとする. このとき X に $\overline{P_iP_j}$ の内部をつけ加えることは

$$x_i = x_{i+1}$$

を意味する. また X に $\overline{P_jQ}$ の内部をつけ加えることは, 図 2.17(a) の場合

$$x_i x_j x_i^{-1} x_{i+1}^{-1} = 1 \quad (x_i = x_{i+1}),$$

図 2.17(b) の場合

$$x_i x_{j+1} x_i^{-1} x_j^{-1} = 1 \quad (x_i = x_{i+1})$$

を意味するが, いずれの場合も図 2.18 のように符号を付ければ,

$$x_j = x_k x_i x_k^{-1}$$

と表される. ただし $\vec{x}_j$ は $\vec{x}_k$ の進む方向の左側にとってある. 最後に, $\pi_1(S^3 - (k \cup Q), p)$ と $\pi_1(S^3 - k, p)$ は同型であることを注意しておく.

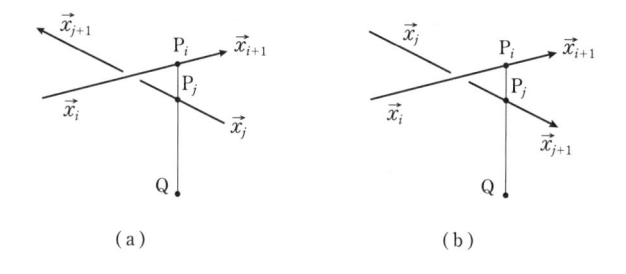

図 2.17

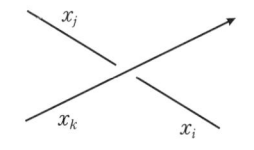

図 2.18

以上のような表示は, 結び目群の**ヴィルティンガー表示**(Wirtinger presentation)といわれている. くり返して書けば, 向きの付いた結び目 $k \subset S^3$ をある平面上に射影する. ただしこの射影は 3 重点を含まず, かつ 2 重点では十字に交差する状態にあるものとする(**正則射影**(reqular projection)とよばれる).

このとき，結び目の交差点の下の点から出発して，次の交差点で下になる点までを**上の道**といい，順次 $x_1, x_2, \cdots, x_n$ と名付ける．各交差点で図 2.18 のような関係にあるとき，

$$x_j = x_k x_i x_k^{-1}$$

とおく．このとき，

$$\{x_1, x_2, \cdots, x_n \mid x_j = x_k x_i x_k^{-1} \text{ (各交差点)}\}$$

は $\pi_1(S^3 - k, p)$ の表示を与える[†]．

例 11 クローバ型結び目(trefoil knot)の結び目群は(図 2.19)，

$$\{x_1, x_2, x_3 \mid x_2 = x_3 x_1 x_3^{-1},\ x_3 = x_1 x_2 x_1^{-1},\ x_1 = x_2 x_3 x_2^{-1}\}$$

と表示される．この群はまた $\{x_1 x_2 \mid x_1 x_2 x_1 = x_2 x_1 x_2\}$ と表示できる．

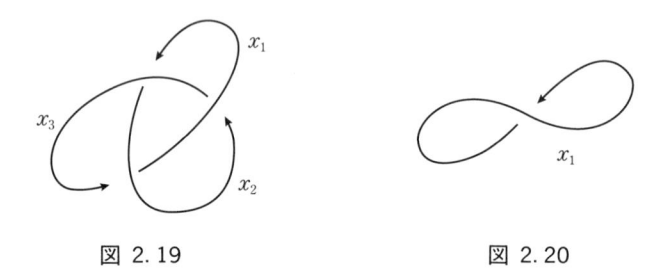

図 2.19　　　　　　　図 2.20

例 12 **自明な結び目**(trivial knot)の結び目群は(図 2.20)，

$$\{x_1 \mid x_1 = x_1 x_1 x_1^{-1}\} = \{x_1 \mid \ \ \} = \mathbf{Z}$$

と表せる．逆に k を結び目とし，$\pi_1(S^3 - k, p) = \mathbf{Z}$ であれば，k は自明な結び目である．このことは Papa-kyriako-poulos と本間龍雄によって，独立に証明された．

クローバ型の結び目の結び目群 G において

$$x_1 \longrightarrow \begin{pmatrix} 1\ 2 \end{pmatrix}, \quad x_2 \longrightarrow \begin{pmatrix} 2\ 3 \end{pmatrix}$$

とおけば，この対応は G から 3 次の対称群 S_3 上への準同型写像を誘動する．自明な結び目の結び目群 $\mathbf{Z}$ から S_3 上への準同型写像は存在しないので，クローバ型の結び目は自明な結び目と空間において同位ではない．

[†] ヴィルティンガー表示は結び目の向きのとり方によるが，結び目群自身は結び目の向きのとり方によらない．

[注意] ヴィルティンガー表示において関係式は一つ余計にはいっている．すなわち，一つの関係式は他の関係式から導かれる．このことはつねに成り立つが，余計な関係式もいれて表示を簡易化し，最後に余計な式を取り除くほうが，検算になる意味もあって実際的である．

2-9 ライデマイスターの操作とその応用

すでに述べたように，結び目 k の正則射影が与えられたとき，その結び目群 $\pi_1(S^3-k, p)$ の生成元と関係式が読みとることができる．逆に，結び目の正則射影から読みとられた生成元と関係式で表示された群 G がまず与えられたとする．すなわち，G が S^3-k の基本群であったことを忘れよう．結び目 k を他の位置の結び目 k_1 に動かし，その正則射影から生成元と関係式で表示された群 G_1 を考えよう．このとき，G と G_1 はもちろん同型であるが，それらがそれぞれ $\pi_1(S^3-k)$, $\pi_1(S^3-k_1)$ であることを忘れたとして，もっと直接的な証明法がないであろうか．

このことについて Reidemeister は次のように説明している．まず，結び目 k から結び目 k_1 への動きは，正則射影の上では次の局所的な 3 つの操作を繰り返すことによって得られる(図 2.21 をみよ)．

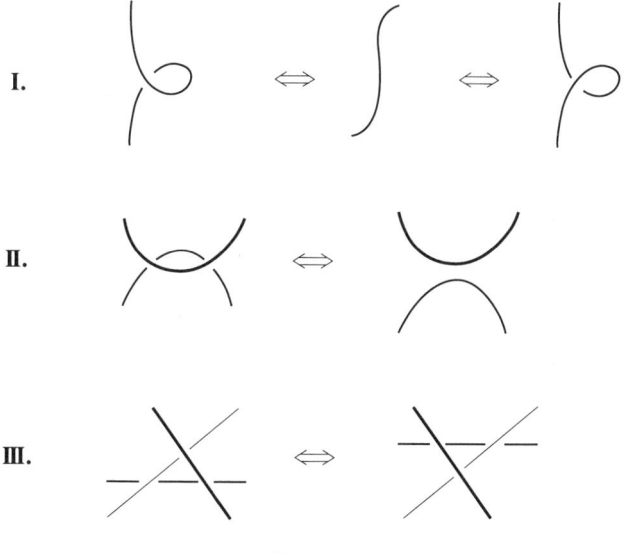

図 2.21

したがって，群 G が以上の操作(ライデマイスター(Reidemeister)の**操作 I, II, III** とよばれる)によって同型な群 G_1 にうつることを証明しさえすれば，群 G の位相的不変性が証明されたことになる.

ライデマイスターの操作 I　　例えば k, k_1 が図 2.22 の場合.
$$G=\{\cdots, x_i, x_i', \cdots \mid \cdots, x_i'=x_i x_i x_i^{-1}, \cdots\},$$
$$G_1=\{\cdots, x_i, \cdots \mid \cdots\}$$
であり，G と G_1 は明らかに同型である.

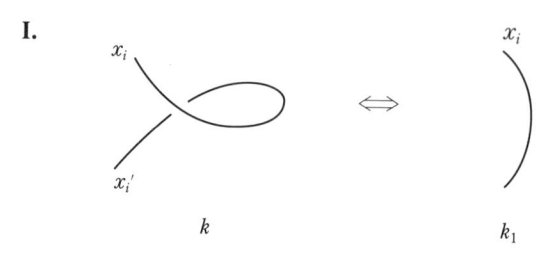

I.

図 2.22

ライデマイスターの操作 II　　例えば k, k_1 が図 2.23 の場合.
$$G=\{\cdots, x_i, \cdots, x_j, x_j', x_j'', \cdots, \mid \cdots, x_j'=x_i x_j'' x_i^{-1}, x_j'=x_i x_j x_i^{-1}, \cdots\},$$
$$G_1=\{\cdots, x_i, \cdots, x_j, \cdots \mid \cdots\}$$
であるが，G の表示において x_j' を消去すれば
$$G=\{\cdots, x_i, \cdots\ x_j, x_j'', \cdots \mid \cdots, x_j=x_j'', \cdots\}$$
となるので，G と G_1 は同型である.

II.

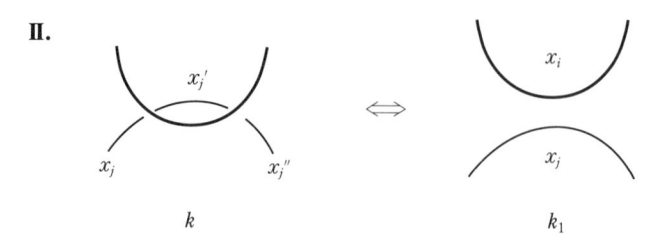

図 2.23

2-9 ライデマイスターの操作とその応用

ライデマイスターの操作 III　　例えば k, k_1 が図 2.24 の場合.

$$G=\{\cdots, x_i, \cdots, x_j, x_j', \cdots, x_k, x_k', x_k''', \cdots \mid \cdots\ x_j'=x_ix_jx_i^{-1},$$
$$x_k=x_ix_k'x_i^{-1},\ x_k'=x_jx_k'''x_j^{-1}, \cdots\},$$
$$G_1=\{\cdots, x_i, \cdots, x_j, x_j', \cdots, x_k, x_k'', x_k''' \cdots, \mid \cdots, x_j'=x_ix_jx_i^{-1},$$
$$x_k=x_j'x_k''x_j'^{-1},\ x_k''=x_ix_k'''x_i^{-1}, \cdots\}$$

であるが，G の表示で x_k' を消去すれば

$$G=\{\cdots, x_i, \cdots, x_j, x_j', \cdots, x_k, x_k''', \cdots \mid$$
$$\cdots\ x_j'=x_ix_jx_i^{-1},\ x_k=x_ix_jx_k'''x_j^{-1}x_i^{-1}\}$$

であり，G_1 の表示で x_k'' を消去すれば

$$G_1=\{\cdots, x_i, \cdots, x_j, x_j', \cdots, x_k, x_k''', \cdots \mid$$
$$\cdots, x_j'=x_ix_jx_i^{-1},\ x_k=x_j'x_ix_k'''x_i^{-1}x_j'^{-1}\}$$

である．ここで $x_j'x_i=x_ix_j$ なる関係式に注目すれば，G と G_1 とは同型であることがわかる．

III.

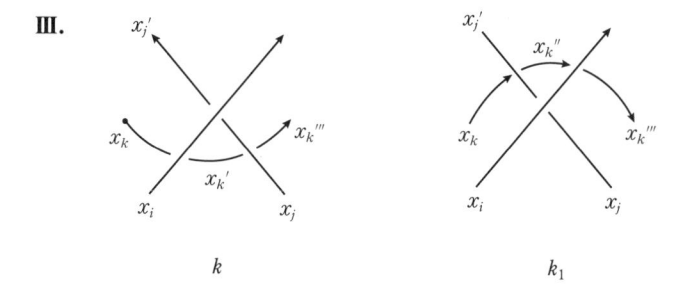

図 2.24

[注意]　ここで x_k', x_k'' を消去するとか，$x_j'=x_ix_jx_i^{-1}$ から $x_j'x_i=x_ix_j$ なる関係式を導くという操作は，群の生成元と関係式に対する**ティーツェ変換**(Tietze transformation)とよばれている操作である．

　結び目には向きが付けられているので，操作 III の場合，k の正則射影にはいろいろな場合が生ずるが，いずれの場合も G と G_1 は同型になる．

Reidemeister のこの方法は，結び目群を位相的方法よらず，いわば組合せ論的に導入する方法を示している．このような考え方，すなわち結び目の正則射影からある量を与え，それがライデマイスターの操作 I, II, III で不変であることを証明すればその量は結び目の位相不変量になる，という考え方は，最近

の結び目論の研究で著しい成果をあげている．ただし，こうして得られた不変量を位相的に意味づけることは必ずしもやさしくはない．

3

被覆空間

3-1 被覆空間

連続写像 $p: \tilde{X} \to X$ が次の条件を満たすとき，$\tilde{X}$ は X の**被覆空間**(covering space)であるといい，p を $\tilde{X}$ から X への**被覆射影**(covering projection)(または**被覆写像**)であるという:

「X の任意の点 x に対して x の近傍 U が存在し，$p^{-1}(U)$ の各連結成分 U_a から U への写像 $p|U_a: U_a \to U$ は同相写像である.」

例えば，$p: \mathbf{R} \to S^1$, $p(x) = e^{2\pi i x}$ は被覆射影である．ただし，図 3.1 で示される写像 q は，$\tilde{X}$ から X への被覆射影ではない．一般に，$X, \tilde{X}$ は弧状連結であると仮定する．

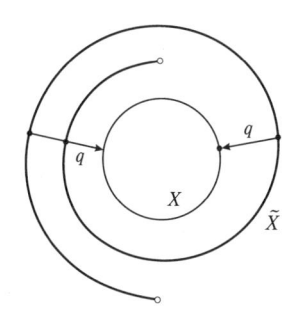

図 3.1

次に，レムニスケート（またはブーケ）の被覆空間の例を2つあげる．

例1 図3.2において，$p(\tilde{o}_1)=p(\tilde{o}_2)=p(\tilde{o}_3)=o$ である．o からでる1つの円 α は $\tilde{o}_i$ ($i=1,2,3$) からでる円によって3重に被覆されているが，o からでる他の円 β は1つの円によって3重に被覆されている．

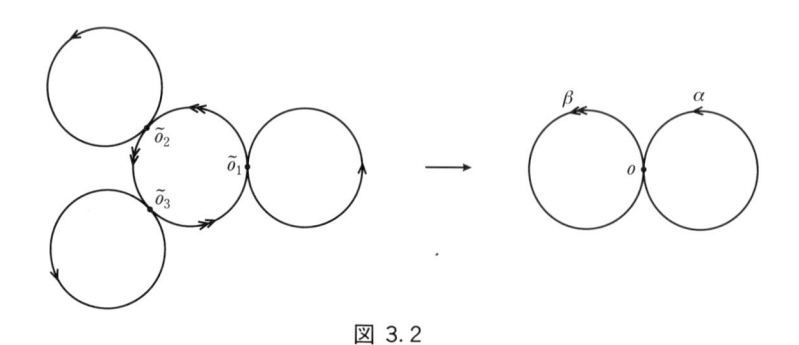

図 3.2

例2 図3.3において，o からでる1つの円 β は1つの円によって3重に被覆されているが，o からでる他の円 α は，2つの円によって被覆され，その中の1つの円で1重に，他の円で2重に被覆されている．

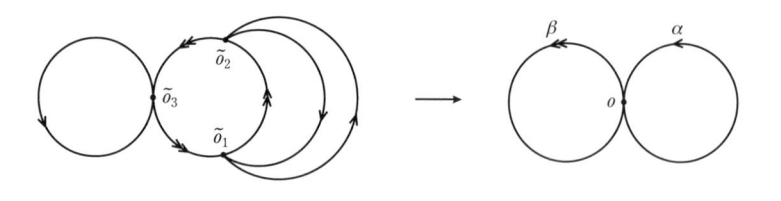

図 3.3

$p\colon \tilde{X} \to X$ を被覆射影とする．X の任意の2点 x, y に対して
$$|p^{-1}(x)|=|p^{-1}(y)|$$
がなりたつ．すなわち $p^{-1}(x)$ と $p^{-1}(y)$ との間には1対1対応がある．このことは，いわゆる **道を持ち上げる** (path lifting) ことによって証明される．すなわち，X において x を始点とし，y を終点とする道 w を考える．$p^{-1}(x)$ の一つの点を $\tilde{x}_a$ とすれば，$\tilde{x}_a$ を始点とする道 $\tilde{w}_a$ で $p(\tilde{w}_a)=w$ となるものが，被

3-1 被覆空間

覆の性質から一意的に決まる．$\tilde{w}_a$ の終点は $p^{-1}(y)$ の点であり，その点を $\tilde{y}_a$ とおく．道 w によって $\tilde{x}_a$ を $\tilde{y}_a$ にうつす対応は，$p^{-1}(x)$ から $p^{-1}(y)$ の上への1対1対応である．このとき，$p^{-1}(x)$ の点の数 $|p^{-1}(x)|$ を $p: \tilde{X} \to X$ の**次数**(degree)，または**被覆指数**(covering index)といい，$\deg p$ で表す．以下本節では，断わらない限り d が有限の場合を考える．

向き付け可能な曲面 F_g の次数 d の被覆空間 $\tilde{F}_g$ について考えよう．ただし $g \geq 0$ は F_g の**種数**(genus)とする．すなわち，F_g は円盤に g 個の穴をあけたものを2つ用意して，対応する円周を貼り合わせできたものとする(図 3.4(a) をみよ)．

F_g を図 3.4(b) のように分割すれば，

$$\begin{cases} F_g \text{ の頂点の数は} & 4g+2, \\ F_g \text{ の辺の数は} & 4g+2g+2(g-1)+4=8g+2, \\ F_g \text{ の面の数は} & 2(g+1)=2g+2. \end{cases}$$

F_2

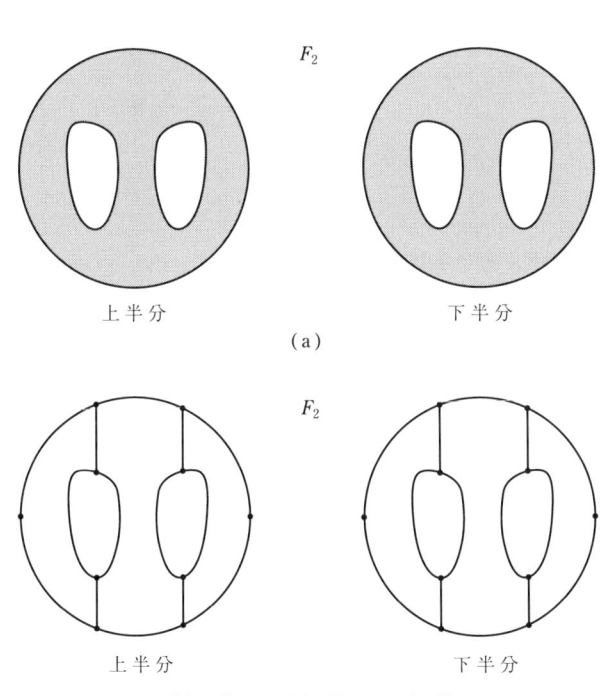

上半分　　　　　　　　下半分

(a)

F_2

上半分　　　　　　　　下半分

頂点の数=10，辺の数=18，面の数=6

(b)

図 3.4

ここで
$$(F_g \text{の頂点の数})-(F_g \text{の辺の数})+(F_g \text{の面の数})=\chi(F_g)$$
は F_g の**オイラー標数**(Euler characteristic)とよばれ,曲面 F_g の位相不変量である.
$$\chi(F_g)=(4g+2)-(8g+2)+(2g+2)=2-2g$$
であるので,
$$g=\frac{1}{2}\{2-\chi(F_g)\}$$
である.曲面 F_g の次数 d の被覆空間 $\tilde{F}_g$ も向き付け可能な曲面であり,$\chi(\tilde{F}_g)=d\chi(F_g)$ であるので,$\tilde{F}_g$ の種数 $\tilde{g}$ は
$$\tilde{g}=\frac{1}{2}\{2-\chi(\tilde{F}_g)\}=\frac{1}{2}\{2-d(2-2g)\}=1+d(g-1).$$

したがって,$\tilde{F}_g$ の種数 $\tilde{g}$ は g と d によってのみ決まる(この公式は**フルヴィッツ**(Hurwitz)**の定理**とよばれている).

例えば,$g=0$ (F_g は球面)ならば $d=1$ で $\tilde{g}=0$.すなわち球面の有限被覆はそれ自身のみで,被覆射影は恒等写像だけである.また,$g=1$ (F_g は輪環面,トーラス)ならば,$\tilde{g}=1$,すなわちトーラスの有限被覆はトーラスだけである.ただし d は任意の値をとりうる.

3-2 被覆空間と基本群

> **定理 3.1** $p:(\tilde{X},\tilde{o})\longrightarrow(X,o)$ を被覆射影とする.このとき p は,基本群 $\pi_1(\tilde{X},\tilde{o})$ から基本群 $\pi_1(X,o)$ への単射同型写像 p_* を誘導する.

証明 p は $\pi_1(\tilde{X},\tilde{o})$ から $\pi_1(X,o)$ への準同型対応 p_* を誘導する.いま $[\tilde{g}]\in\pi_1(\tilde{X},\tilde{o})$ とし,$p_*([\tilde{g}])$ を $\pi_1(X,o)$ の単位元とすれば,$p(\tilde{g})$ と定値写像 $e:I\longrightarrow\{o\}$ との間のホモトピーを $\tilde{X}$ に持ち上げることによって,$[\tilde{g}]$ が $\pi_1(\tilde{X},\tilde{o})$ の単位元であることがわかる. □

> **定理 3.2** G を $\pi_1(X,o)$ の部分群とする.このとき,(X,o) の被覆空間 $(\tilde{X},\tilde{o})$ と被覆射影 $p:(\tilde{X},\tilde{o})\longrightarrow(X,o)$ を,$p_*(\pi_1(\tilde{X},\tilde{o}))=G$ であるように構成することができる.ただし X は局所的に可縮であるとする.

3-2 被覆空間と基本群

証明(大要のみ)　まず，X において o を始点とする道 w の集合を W とする．w_1, w_2 が始点も終点も同じ道であり，かつ $[w_1 w_2^{-1}] \in G$ であれば，$w_1 \sim w_2$ であるとする．これは同値関係である．集合 $W/\sim$ において，道 w の終点を x とするとき，$p(w) = x$ と定義する．X が局所的に可縮であるので，p が $W/\sim$ から X への被覆射影であるように $W/\sim$ に位相を導入することができる．さらに定値写像 $w_0: I \to o$ も一つの道であり，$\pi_1(W/\sim, w_0)$ は p_* によって G と同型であることがわかる．　□

とくに $\pi_1(X, o)$ の単位元 e だけからなる部分群に対して，$p: (\tilde{X}, \tilde{o}) \to (X, o)$ で $\pi_1(\tilde{X}, \tilde{o})$ が単位元だけからなる被覆空間 $(\tilde{X}, \tilde{o})$ が存在する．これは $\tilde{X}$ の**普遍被覆空間**(universal covering space)とよばれている．例えば，平面 $\boldsymbol{R}^2$ はトーラス T^2 の普遍被覆空間である．

$p: (\tilde{X}, \tilde{o}) \to (X, o)$ を被覆射影とし，$p_*(\pi_1(\tilde{X}, \tilde{o}))$ が $\pi_1(X, o)$ の正規部分群であるとき，$\tilde{X}$ を X の**正則被覆空間**(regular covering space)とよび，p を**正則被覆射影**(regular covering projection)とよぶ．

定理 3.3　$p: (\tilde{X}, \tilde{o}) \to (X, o)$ を正則被覆射影とする．このとき，X 上の閉曲線 w に対し，$p^{-1}(w)$ は $\deg p$ 個だけあるが，それらはすべて閉曲線であるか，すべて閉曲線ではない．

証明　$p_*(\pi_1(\tilde{X}, o_1))$ を $\pi_1(X, o)$ の正規部分群とする．$[w] \in p_*(\pi_1(\tilde{X}, \tilde{o}_1))$ とし，$\tilde{X}$ 上で $\tilde{o}_1$ からでる w の上の道を $\tilde{w}_1$，また $\tilde{o}_i$ からでる w の上の道を $\tilde{w}_i$ とする．そして $\tilde{w}_i$ の終点を $\tilde{o}_j$ とおく，また $\tilde{X}$ 上で，$\tilde{o}_1$ からでて $\tilde{o}_i$ にいく道を $\tilde{u}$，$p_*([\tilde{u}]) = [u] \in \pi_1(X, o)$ とおく．いま $\tilde{w}_1$ が閉曲線であると仮定して，$\tilde{w}_i$ も閉曲線であることを証明する．$\tilde{X}$ 上で，点 $\tilde{o}_j$ からでる u^{-1} の上の道を $\tilde{u}_j^{-1}$ とする．

ここで $[\tilde{u} \tilde{w}_i \tilde{u}_j^{-1}]$ について考える．

$$p_*([\tilde{u} \tilde{w}_i \tilde{u}_j^{-1}]) = p_*([\tilde{u}]) \, p_*([\tilde{w}_i]) \, p_*([\tilde{u}_j^{-1}]) = [uwu^{-1}]$$

であり，$p_*(\pi_1(\tilde{X}, \tilde{o}_1))$ は正規部分群であるので，$[uwu^{-1}] \in p_*(\pi_1(\tilde{X}, \tilde{o}_1))$．このことは，$\tilde{u} \tilde{w}_i \tilde{u}_j^{-1}$ が閉曲線であることを意味する．ゆえに $\tilde{u} = \tilde{u}_j$ であり，$\tilde{w}_i$ も閉曲線である．　□

最後に，被覆射影 $p\colon (\tilde{X}, \tilde{o}) \to (X, o)$ に関する基本群の**モノドロミー写像** (monodromy map) を導入する．$\deg p = n$ とすれば $p^{-1}(o)$ は n 個の点よりなるので，それらを $\tilde{o}_1, \tilde{o}_2, \cdots, \tilde{o}_n$ とする．$[w] \in \pi_1(X, o)$ とすれば，$\tilde{o}_1$ を始点とする w の上の道は $\tilde{o}_{i_1}$ を終点とし，$\tilde{o}_2$ を始点とする w の上の道は $\tilde{o}_{i_2}$ を終点とする．以下同様にして，$\tilde{o}_n$ を始点とする w の上の道は $\tilde{o}_{i_n}$ を終点とする．したがって，$[w]$ に対して，置換

$$\begin{pmatrix} 1 & 2 & \cdots & n \\ i_1 & i_2 & \cdots & i_n \end{pmatrix}$$

を対応させることができる．この対応 φ を**モノドロミー対応**とよぶ．この対応 φ は準同型対応である．図式では

$$\pi_1(X, o) \approx G \xrightarrow{\varphi} M \subset S_n$$

と表される．ただし S_n は n 次の対称群である．さらに，$\varphi(G) = M$ は S_n の**推移的**(transitive)な部分群(S_n の任意の文字を任意の文字にうつす置換を含む)である．

[注意] モノドロミー写像は点 $\tilde{o}_1, \tilde{o}_2, \cdots, \tilde{o}_n$ の名づけ方によって変わる．したがって，**共役**(conjugate)なモノドロミー写像は点の名前を付けかえたものと本質的に同値なものとみなしてよい．前節の例1では $\varphi(\alpha) = e$, $\varphi(\beta) = \begin{pmatrix} 1 & 2 & 3 \end{pmatrix}$，例2では $\varphi(\alpha) = \begin{pmatrix} 1 & 2 \end{pmatrix}$, $\varphi(\beta) = \begin{pmatrix} 1 & 2 & 3 \end{pmatrix}$ となっている．

さらに M_1 を M の中で数字1を固定する置換からなる部分群とすれば，$p_*(\pi_1(\tilde{X}, \tilde{o}_1))$ の元は φ によって M_1 の元にうつる．このことから，$\pi_1(\tilde{X}, \tilde{o}_1)$ は $\varphi^{-1}(M_1)$ と同型であることがわかる．図式では

$$\begin{array}{ccc} \pi_1(X, o) = G & \xrightarrow{\varphi} & M \subset S^n \\ \cup & & \cup \\ p_*(\pi_1(\tilde{X}, \tilde{o}_1)) = \varphi^{-1}(M_1) & \longrightarrow & M_1 \end{array}$$

と表される．

逆に $\pi_1(X, o) = G$ が与えられ，さらに準同型対応 $\varphi\colon G \to M$ が与えられたとする．ただし M は推移的であるとし，M_1 を M の中で数字1を固定する元からなる部分群とする．このとき，$\pi_1(\tilde{X}, \tilde{o}_1)$ が $\varphi^{-1}(M_1)$ と同型になるような (X, o) の被覆空間 $(\tilde{X}, \tilde{o}_1)$ が存在し，さらに φ はそのモノドロミー写像となる．本章のテーマの一つは，群 $\pi_1(X, o) = G$ が生成元と関係式によって与えられ，さらにモノドロミー写像 $\varphi\colon G \to M$ が与えられたとき，$\varphi^{-1}(M_1)$ を生成元と関係式を用いて表すことである．

練習問題

1. $p: (\tilde{X}, \tilde{o}) \to (X, o)$ を被覆射影とする．このとき，群 $\pi_1(X, o)$ の部分群 $p_*: (\pi_1(\tilde{X}, \tilde{o}))$ の剰余類の数は $|p^{-1}(x)|$ に等しいことを証明せよ．

2. $p: (\tilde{X}, \tilde{o}) \to (X, o)$ を被覆射影とする．このとき，X の上の閉曲線 w に対して，$\tilde{X}$ 上の $p^{-1}(w)$ の道がすべて閉じているか，または，すべて閉じていないならば，被覆空間 $\tilde{X}$ は正則被覆空間であることを証明せよ．

3-3 部分群の生成元

群 G が生成元 $g_1, g_2, \cdots$ と関係式 $r_1=1, r_2=1, \cdots$ で与えられ，G の部分群 V が与えられたとする．このとき V の生成元の表し方を示すのが本節の目標である．

V は G の部分群であるので，$G = \bigcup_\alpha V\alpha$ と V による剰余類に分解する．各剰余類 $V\alpha$ からある元 s_α を選び，この剰余類の**代表元**(representative element)とよぶ．すなわち $V\alpha = Vs_\alpha$．以下この選び方を ϕ で表し，$f \in Vs_\alpha$ ならば $\phi(f) = s_\alpha$ とする．ただし，剰余類 V の代表元にはつねに単位元 1 を選ぶので，$f \in V$ ならば $\phi(f) = 1$ である．また，$f \in G, v \in V$ ならば $\phi(vf) = \phi(f)$ がなりたつ．

定理 3.4 $\{s_i g_j \phi(s_i g_j)^{-1}\}$ は群 V の生成元の集合である．

証明 まず $s_i g_j \phi(s_i g_j)^{-1}$ が V の元であることを証明する．$s_i g_j \in Vs_k$，すなわち $\phi(s_i g_j) = s_k$ とすれば，
$$s_i g_j \phi(s_i g_j)^{-1} \in Vs_k s_k^{-1} = V.$$

次に，$\{s_i g_j \phi(s_i g_j)^{-1}\}$ が V を生成することを証明しよう．

$f \in V$ とし，$f = a_1 a_2 \cdots a_n$，ただし，a_i は G の生成元 g_α か，またはその逆元 g_α^{-1} とする．
$$f_0 = 1, \quad f_1 = a_1, \quad f_2 = a_1 a_2, \quad \cdots, \quad f_n = a_1 a_2 \cdots a_n = f$$
とおき，さらに
$$h_0 = \phi(f_0) = 1, \quad h_1 = \phi(f_1), \quad h_2 = \phi(f_2), \quad \cdots, \quad h_n = \phi(f_n) = \phi(f) = 1$$
とおく．
$$f = h_0 a_1 h_1^{-1} h_1 a_2 h_2^{-1} \cdots h_n a_n h_n^{-1}$$
であるので，$h_{k-1} a_k h_k^{-1}$ が $(s_i g_j \phi(s_i g_j)^{-1})^{\pm 1}$ の形で表されることを証明すれば

よい．まず，$h_k=\phi(h_{k-1}a_k)$ であることに注意する．なぜならば，$f_{k-1}=v_{k-1}h_{k-1}$ $(v_{k-1}\in V)$ であるので，$f_{k-1}a_k=v_{k-1}h_{k-1}a_k$. したがって $\phi(f_{k-1}a_k)=\phi(h_{k-1}a_k)$. ゆえに，
$$h_k=\phi(f_k)=\phi(f_{k-1}a_k)=\phi(h_{k-1}a_k).$$

さて，$h_{k-1}a_kh_k^{-1}=h_{k-1}a_k\phi(h_{k-1}a_k)^{-1}$ であるので，$h_{k-1}=s_i, a_k=g_j^{\pm 1}$ とおく．

$$h_{k-1}a_k h_k^{-1}=\begin{cases} s_ig_j\phi(s_ig_j)^{-1} & (a_k=g_j \text{のとき}),\\ s_ig_j^{-1}\phi(s_ig_j^{-1})^{-1} & (a_k=g_j^{-1} \text{のとき}) \end{cases}$$

であるので，$a_k=g_j^{-1}$ のときを調べる．$\phi(s_ig_j^{-1})=s_l$ とおけば $s_ig_j^{-1}=vs_l$ ($v\in V$) であり，$s_i=vs_lg_j$ である．ゆえに $\phi(s_lg_j)=s_i$ であり，
$$s_ig_j^{-1}\phi(s_ig_j^{-1})^{-1}=\phi(s_lg_j)g_j^{-1}s_l^{-1}=(s_lg_j\phi(s_lg_j)^{-1})^{-1}$$
である． □

系 群 G が有限生成群[†]で部分群 V の G における指数が有限ならば，V も有限生成群である．

一般に G, H が群で，$\varphi\colon G\to H$ が準同型写像とする．H' を H の部分群 $G'=\varphi^{-1}(H')$ とする．H が $\bigcup_\alpha H't_\alpha$ と剰余類に分解されたとすると，$\varphi(s_\alpha)=t_\alpha$ となる s_α の集りによって G も $\bigcup_\alpha G's_\alpha$ と剰余類に分解される．

例 3 レムニスケート X の基本群 $G=\pi_1(X,o)$ は，α, β によって生成される自由群である．いま，モノドロミー写像 $\varphi\colon G\to M=S_3$ を
$$\varphi(\alpha)=\begin{pmatrix}1 & 2\end{pmatrix}, \quad \varphi(\beta)=\begin{pmatrix}1 & 3\end{pmatrix}$$
によって定義しよう．ここで，$M_1=\left\{1,\begin{pmatrix}2 & 3\end{pmatrix}\right\}$ である．M/M_1 は 3 つの剰余類からなるので，剰余類の代表元も $1, \alpha, \beta$ とする（$\varphi(\alpha)=\begin{pmatrix}1 & 2 & 3\\ 2 & 1 & 3\end{pmatrix}$, $\varphi(\beta)=\begin{pmatrix}1 & 2 & 3\\ 3 & 2 & 1\end{pmatrix}$ であることに注意せよ）．このとき，$\varphi^{-1}(M_1)=V$ の生成元の集合は，次のようにして得られる．

[†] 有限個の元で生成される群を**有限生成群**(finite generated group)とよぶ．

$$\begin{cases} \alpha_1 = 1\,\alpha\alpha^{-1} = 1 \\ \alpha_2 = \alpha\alpha 1^{-1} = \alpha^2 \\ \alpha_3 = \beta\alpha\beta^{-1} \end{cases}, \quad \begin{cases} \beta_1 = 1\,\beta\beta^{-1} = 1 \\ \beta_2 = \alpha\beta\alpha^{-1} \\ \beta_3 = \beta\beta 1^{-1} = \beta^2. \end{cases}$$

したがって，このモノドロミー写像 φ に対する被覆空間 $(\tilde{X}, \tilde{o})$ の基本群は 4つ生成元

$$\alpha_2 = \alpha^2, \quad \alpha_3 = \beta\alpha\beta^{-1}, \quad \beta_2 = \alpha\beta\alpha^{-1}, \quad \beta_3 = \beta^2$$

をもつ．$(\alpha_1, \alpha_2, \alpha_3$ の添字は，$1, \alpha, \beta$ が数字 1 をそれぞれ数字 1, 2, 3 にうつすことに対応している．このことは，後に結び目の分岐被覆空間を考えるときに重要になる．）後にみるように，自由群の部分群は自由群であるので，被覆空間 $(\tilde{X}, \tilde{o})$ の基本群は $\alpha_2, \alpha_3, \beta_2, \beta_3$ の上の自由群である．

3-4 自由群の部分群

本節では，"自由群の部分群は自由群である"というよく知られた定理を証明する．はじめになぜそうするかという背景を説明しておく．$G = \{\boldsymbol{x} \mid \boldsymbol{r} = 1\}$ を生成元 $\boldsymbol{x}$ と関係式 $\boldsymbol{r} = 1$ で定義されている群とし，G から対称群 S_n への準同型写像 φ が与えられているとする．ただし $\varphi(G) = M$ は推移的である．M_1 を文字 1 を固定する置換からなる M の部分群とし，$\varphi^{-1}(M_1)$ について考える．ここまではいままでどおりである．ここで自由群 $F(\boldsymbol{x})$ を考え，ψ を $F(\boldsymbol{x})$ から $G = \{\boldsymbol{x} \mid \boldsymbol{r} = 1\}$ への恒等写像 $\psi: \boldsymbol{x} \longrightarrow \boldsymbol{x}$ が誘導する自然な準同型写像とする．ここで，$\psi^{-1}(\varphi^{-1}(M_1))$ について考えようというわけである．

$$\begin{array}{ccccc} F(\boldsymbol{x}) & \xrightarrow{\psi} & G = \{\boldsymbol{x} \mid \boldsymbol{r} = 1\} & \xrightarrow{\varphi} & M \subset S_n \\ \cup & & \cup & & \cup \\ \psi^{-1}(\varphi^{-1}(M_1)) & \xrightarrow{\psi} & \varphi^{-1}(M_1) & \xrightarrow{\varphi} & M_1 \end{array}$$

一般に，$g_1, g_2, \cdots, g_m$ を生成元とする自由群を F，U をその部分群とする．U は $F = \bigcup_\alpha U\alpha$ と剰余類に分解し，$U\alpha$ から代表元 s_α を選び，前節と同様にその選び方を ϕ で表す．ただし U の代表元は 1 とする．$S = \{s_\alpha\}$ とおくと ϕ は写像 $\phi: F \longrightarrow S$ であり，$f \in U\alpha$ ならば $\phi(f) = s_\alpha$ である．F は自由群であるので，s_α は $g_1^{\pm 1}, g_2^{\pm 1}, \cdots, g_m^{\pm 1}$ の積として表される．そして各 s_α は**既約語** (reduced word) で表されていると仮定する．すなわち，$s_\alpha = \cdots g_i^\varepsilon g_i^{-\varepsilon} \cdots$ のようには表されていないとする．このとき，もし $g_{i_1}^{\varepsilon_1} g_{i_2}^{\varepsilon_2} \cdots g_{i_{n-1}}^{\varepsilon_{n-1}} g_{i_n}^{\varepsilon_n} \in S$ ならば，$g_{i_1}^{\varepsilon_1} g_{i_2}^{\varepsilon_2} \cdots g_{i_{n-1}}^{\varepsilon_{n-1}} \in S$ であるとき，S を**シュライアー** (Schreier) 系であるという $(1 \in$

S であることに注意せよ).

定理 3.5 F と U が上記のように与えられたとき，S をシュライアー系であるようにとることができる．

証明 まず，生成元とその逆元の間に
$$g_1 < g_1^{-1} < g_2 < g_2^{-1} < \cdots < g_m < g_m^{-1}$$
と順序を与える．次に，$f, g \in F$ の間の大小関係を次のようにして定義する．
$$f = g_{i_1}^{\varepsilon_1} g_{i_2}^{\varepsilon_2} \cdots g_{i_t}^{\varepsilon_t}, \qquad g = g_{j_1}^{\delta_1} g_{j_2}^{\delta_2} \cdots g_{j_u}^{\delta_u}$$
とするとき，$f < g$ であるとは，

(i) $t < u$ であるか，または，

(ii) $t = u$ で $g_{i_1}^{\varepsilon_1} = g_{j_1}^{\delta_1}, \cdots, g_{i_k}^{\varepsilon_k} = g_{j_k}^{\delta_k}$ で $g_{i_{k+1}}^{\varepsilon_{k+1}} < g_{j_{k+1}}^{\delta_{k+1}}$ である，

とき，である．したがって，$f < g$ で gh が既約語であるときは $fh < gh$，また $f < g$ で hg が既約語であるときは $hf < hg$ である．

ここで剰余類 $U\alpha$ に対して，この順序について $U\alpha$ の最小元を s_α として選ぶ．このとき，$S = \{s_\alpha\}$ がシュライアー系をなしていることを証明しよう．

まず，単位元 1 は F の最小元である．ゆえに U の代表元は 1 である．

次に，$g_{i_1}^{\varepsilon_1} g_{i_2}^{\varepsilon_2} \cdots g_{i_n}^{\varepsilon_n} \in S$ とし，$g_{i_1}^{\varepsilon_1} g_{i_2}^{\varepsilon_2} \cdots g_{i_{n-1}}^{\varepsilon_{n-1}} = f$ とおく．Uf の最小元を f' とし，$f' < f$ と仮定しよう．$fg_{i_n}^{\varepsilon_n}$ は既約語であるので $f'g_{i_n}^{\varepsilon_n} < fg_{i_n}^{\varepsilon_n}$．一方，$f' \in Uf$ であるので，$f'g_{i_n}^{\varepsilon_n} \in Ufg_{i_n}^{\varepsilon_n}$．これは $fg_{i_n}^{\varepsilon_n}$ が $Ufg_{i_n}^{\varepsilon_n}$ の最小元であるという仮定に反する．したがって $f' = f$，ゆえに $f \in S$ である． □

以下 S は，シュライアー系をなすと仮定する．前節の定理 3.4 により，部分群 U は，$\{s_i g_j \phi(s_i g_j)^{-1}\}$ によって生成される．また，$s_i g_j^{-1} \phi(s_i g_j^{-1})^{-1}$ は，$(s_l g_j \phi(s_l g_j)^{-1})^{-1}$ と表されることを注意しておく．

補助定理 1 $s_i g_j^\varepsilon \phi(s_i g_j^\varepsilon)^{-1}$ はすでに既約語であるか単位元 1 である．

証明 $\phi(s_i g_j^\varepsilon) = s_k$ とおく．このとき，s_i, s_k は既約語である．したがって，もし $s_i g_j^\varepsilon \phi(s_i g_j^\varepsilon)^{-1}$ が既約でなければ，

(i) s_i が $g_j^{-\varepsilon}$ で終るか，

(ii) s_k^{-1} が $g_j^{-\varepsilon}$ で始まるか，

の2つの場合がおこる．

3-4 自由群の部分群

（i） $s_i = s_a g_j^{-\varepsilon}$ のとき，$\phi(s_i g_j^\varepsilon) = \phi(s_a) = s_a$. ゆえに，
$$s_i g_j^\varepsilon \phi(s_i g_j^\varepsilon)^{-1} = s_a g_j^{-\varepsilon} g_j^\varepsilon s_a^{-1} = 1.$$

（ii） $s_k^{-1} = g_j^{-\varepsilon} f$ とすれば，$s_k = f^{-1} g_j^\varepsilon$ であるので $f^{-1} \in S$. したがって，$s_k g_j^{-\varepsilon}$ より $\phi(s_k g_j^{-\varepsilon}) = f^{-1}$. 一方，$s_k = \phi(s_i g_j^\varepsilon)$ であるので，$s_i = \phi(s_k g_j^{-\varepsilon}) = f^{-1}$. したがって，
$$s_i g_j^\varepsilon \phi(s_i g_j^\varepsilon)^{-1} = s_i g_j^\varepsilon s_k^{-1} = s_i g_j^\varepsilon g_j^{-\varepsilon} f = s_i g_j^\varepsilon g_j^{-\varepsilon} s_i^{-1} = 1. \qquad \square$$

補助定理 2 $s_i g_j^\varepsilon \phi(s_i g_j^\varepsilon)^{-1} \neq 1$, $s_k g_l^\delta \phi(s_k g_l^\delta)^{-1} \neq 1$,
$$s_i g_j^\varepsilon \phi(s_i g_j^\varepsilon)^{-1} s_k g_l^\delta \phi(s_k g_l^\delta)^{-1} \neq 1$$

のとき，$s_i g_j^\varepsilon \phi(s_i g_j^\varepsilon)^{-1} s_k g_l^\delta \phi(s_k g_l^\delta)^{-1}$ を消去して既約語になおしても，g_j^ε, g_l^δ は消去されずに残っている．

証明 （i） 既約語への消去がまず g_l^ε に達したとしよう．

このとき，$\phi(s_i g_j^\varepsilon) = s_k g_l^\delta f$ であり，$\phi(s_k g_l^\delta) = s_k g_l^\delta$ となる．したがって，$s_k g_l^\delta (s_k g_l^\delta)^{-1} = 1$ となり，仮定に反する．

（ii） 既約語への消去がまず g_j^ε に達したとしよう．

このとき，$s_k = \phi(s_i g_j^\varepsilon) g_j^{-\varepsilon} f$ であり，$\phi(s_i g_j^\varepsilon) = s_i g_j^\varepsilon$ となる．したがって，$s_i g_j^\varepsilon \phi(s_i g_j^\varepsilon)^{-1} = 1$ となり，仮定に反する．

（iii） $\phi(s_i g_j^\varepsilon) = s_k$, $g_j^\varepsilon = g_l^{-\delta}$ としよう．$\phi(s_i g_j^\varepsilon) = s_k$ ならば，$\phi(s_k g_j^{-\varepsilon}) = s_i$ である．ゆえに，$\phi(s_k g_l^\delta) = \phi(s_k g_j^{-\varepsilon}) = s_i$ となる．

したがって，$s_i g_j^\varepsilon \phi(s_i g_j^\varepsilon)^{-1} s_k g_l^\delta \phi(s_k g_l^\delta)^{-1} = 1$ となり，仮定に反する． $\qquad \square$

系 $s_{i_\alpha} g_{j_\alpha}^{\varepsilon_\alpha} \phi(s_{i_\alpha} g_{j_\alpha}^{\varepsilon_\alpha})^{-1} \neq 1$ $(\alpha = 1, 2, \cdots, n)$ とし，
$$s_{i_\alpha} g_{j_\alpha}^{\varepsilon_\alpha} \phi(s_{i_\alpha} g_{j_\alpha}^{\varepsilon_\alpha})^{-1} s_{i_{\alpha+1}} g_{j_{\alpha+1}}^{\varepsilon_{\alpha+1}} \phi(s_{i_{\alpha+1}} g_{j_{\alpha+1}}^{\varepsilon_{\alpha+1}})^{-1} \neq 1 \qquad (\alpha = 1, 2, \cdots, n-1)$$
とするとき，
$$\prod_{\alpha=1}^n s_{i_\alpha} g_{j_\alpha}^{\varepsilon_\alpha} \phi(s_{i_\alpha} g_{j_\alpha}^{\varepsilon_\alpha})^{-1} \neq 1.$$

これより次の基本定理が得られる．

定理 3.6 自由群の部分群は自由群である．より詳細に述べれば，F を $g_1, g_2, \cdots, g_m$ の上の自由群，U をその部分群，$S = \{s_a\}$ を F の U に関

するシュライアー系とすれば，U は $\{s_i g_j \phi(s_i g_j)^{-1}\}$ で生成される自由群である．

[注意] F の生成元が無限にあっても，上記の証明が適用される．

さらに F の生成元の数を m，U の F における指数を d とすれば，U の生成元の数は $d(m-1)+1$ である．すなわち $\{s_i g_j \phi(s_i g_j)^{-1}\}$ のうち $d-1$ 個は自明な生成元である(前節の例では $m=2, d=3$)．このことはもちろん群論的に証明できるが，以下では位相的に説明することにする．

X を図3.5に示されたような n 個のサイクル†からなる図形とし，$F=\pi_1(X, o)$ とする．F の部分群 U の F における指数を d とすれば，U は X の d 重被覆空間 $\tilde{X}$ の基本群 $\pi_1(\tilde{X}, \tilde{o})$ である．$\tilde{X}$ のオイラー標数((頂点の数)−(辺の数))は

$$d(m+1) - d(2m) = d(1-m)$$

であり，これは

$$1 - (\tilde{X} \text{ の独立なサイクルの数})$$

に等しい．ゆえに

$$(\tilde{X} \text{ の独立なサイクルの数}) = d(m-1) + 1.$$

このことは，U の生成元の数が $d(m-1)+1$ に等しいことを意味している．

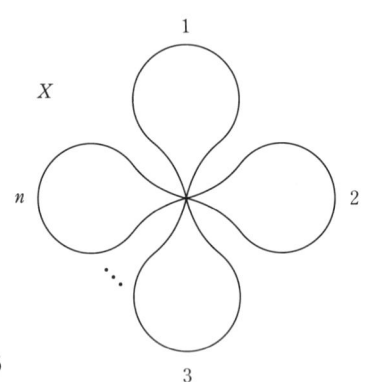

図 3.5

---

† 1次元複体からつくられる連結な多面体 X の**サイクル数**とは，簡単にいえば，$\pi_1(X)$ を可換群として考え，整数係数を使って定義される一次独立な元の数である．例えば，図3.2 の右側にある図形では，オイラー標数は，頂点の数は3，辺の数は4と考えれば，$3-4=1-d$ となり $d=2$．ゆえに，2つの一次独立なサイクルは $\{\alpha, \beta\}$ よりなる．

3-5 部分群の関係式

本節は前々節の続きであるが，もちろん前節の結果も利用する．群 G が有限個の生成元 $g_1, g_2, \cdots, g_m$ と有限個の関係式 $r_1=1, r_2=1, \cdots, r_n=1$ で与えられたとする．V を G の部分群としたとき，V の生成元の集合の求め方は前々節に説明した．本節では V の関係式の求め方を説明する．

F を $g_1, g_2, \cdots, g_m$ で生成された自由群とし，$\psi: F \to G$ が自然な対応 $g_i \to g_i$ によって与えられているとする．$U = \psi^{-1}(V)$ とし，さらに U の F に関するシュライアー系 $S=\{s_i\}$ を導入する．これによって，U の生成元の集合は $\{s_i g_j \phi(s_i g_j)^{-1}\}$ で与えられる．自然な対応 ψ によって $s_i \to s_i$ であるとすれば，V の生成元の集合も $\{s_i g_j \phi(s_i g_j)^{-1}\}$ によって与えられる．

V の関係式 $r=1$ を考える．V は G の部分群なので，これは G での関係式でもある．したがって，

$$r = \prod h_i r_{k_i} h_i^{-1} = 1$$

と表せる．いま $h_i = f_i s_{j_i}$ $(f_i \in V)$ とおけば，

$$\prod h_i r_{k_i} h_i^{-1} = \prod f_i s_{j_i} r_{k_i} s_{j_i}^{-1} f_i^{-1}.$$

一般に，$s_l r_k s_l^{-1}$ が $s_i g_j^\varepsilon \phi(s_i g_j)^{-1}$ の積で表せることを証明する．そうすれば，$\{s_l r_k s_l^{-1}=1\}$ において $s_l r_k r_l^{-1}$ を $s_i g_j^\varepsilon \phi(s_i g_j^\varepsilon)^{-1}$ の積に書き直したものが V の関係式の集合になる．

以下，簡単のために，s_l を s，r_k を r で表す．このとき，

$$\begin{aligned}
srs^{-1} &= s g_{a_1}^{\varepsilon_1} g_{a_2}^{\varepsilon_2} \cdots g_{a_n}^{\varepsilon_n} s^{-1} \\
&= s g_{a_1}^{\varepsilon_1} \phi(s g_{a_1}^{\varepsilon_1})^{-1} \cdot \phi(s g_{a_1}^{\varepsilon_1}) g_{a_2}^{\varepsilon_2} \phi(\phi(s g_{a_1}^{\varepsilon_1}) g_{a_2}^{\varepsilon_2})^{-1} \cdot \cdots \cdot g_{a_n}^{\varepsilon_n} s^{-1} \\
&= \prod_{i=1}^n (s_{a_{i-1}} g_{a_i}^{\varepsilon_i} s_{a_i}^{-1}) s_{a_n} s_{a_0}^{-1}.
\end{aligned}$$

ただし，$s_{a_0} = s$，$\phi(s_{a_{i-1}} g_{a_i}^{\varepsilon_i}) = s_{a_i}$ である．$s_{a_{i-1}} g_{a_i}^{\varepsilon_i} s_{a_i}^{-1}$ は V の元であるので，$s_{a_n} s_0^{-1} \in V$．ゆえに $s_{a_n} \in V s_{a_0}$．また $s_{a_n} \in U s_{a_0}$ であるので，シュライアー系の性質から $s_{a_n} = s_{a_0}$．したがって，srs は $s_i g_j^{\varepsilon_j} \phi(s_i g_j^{\varepsilon_j})^{-1}$ の積で表せることが証明された．このことより，V の関係式と集合として

$$\{s_l s_k s_l^{-1}\}$$

をとることができる．ただし $s_l r_k s_l^{-1}$ は $s_i g_j^{\varepsilon_j} \phi(s_i g_j^{\varepsilon_j})^{-1}$ の積として書き改めたものでなければならない．

例 4 $G=\{a, b \mid a^2=1, b^3=1, ab^2=ba\}$ とし，$a \to \begin{pmatrix}2 & 3\end{pmatrix}$, $b \to \begin{pmatrix}1 & 2 & 3\end{pmatrix}$ によって誘導されたモノドロミー写像 $\varphi\colon G \to M = S_3$ について，以上のことを応用する．φ は同型対応であるので，$M_1=\{1, a\}$ で
$$\varphi^{-1}(M_1) = V = \{a \mid a^2 - 1\} \cong Z_2$$
である．

$\varphi^{-1}(M_1)$ の生成元は
$$\begin{cases} a_1 = 1\,a\,1^{-1} = a \\ a_2 = bab^{-2} = bab^{-2} \\ a_3 = b^2ab^{-1} = b^2ab^{-1}, \end{cases} \quad \begin{cases} b_1 = 1\,bb^{-1} = 1 \\ b_2 = bbb^{-2} = 1 \\ b_3 = b^2b\,1^{-1} = b^3 \end{cases}$$
である．ここで a_i, b_i の添字 i は，a_i, b_i の最初の文字 $1, b, b^2$ のモノドロミー写像 $\varphi(1), \varphi(b), \varphi(b^2)$ が，それぞれ数字 1 を 1, 2, 3 にうつすことに対応している．このことは後に分岐被覆空間を考えるとき重要になる．

$\varphi^{-1}(M_1)$ の関係式は
$$\begin{cases} 1\,a^2a^{-1} = a^2 = a_1^2 = 1 \\ ba^2b^{-1} = bab^{-2}b^2ab^{-1} = a_2a_3 = 1 \\ b^2a^2b^{-2} = b^2ab^{-1}bab^{-2} = a_3a_2 = 1, \end{cases}$$
$$\begin{cases} 1\,b^31^{-1} = b^3 = b_3 = 1 \\ bb^3b^{-1} = b^3 = b_3 = 1 \\ b^2b^3b^{-2} = b^3 = b_3 = 1, \end{cases}$$
$$\begin{cases} 1\,ab^2a^{-1}b^{-1}1^{-1} = a(bab^{-2})^{-1} = a_1a_2^{-1} = 1 \\ bab^2a^{-1}b^{-1}b^{-1} = bab^{-2}b^3(b^2ab^{-1})^{-1} = a_2b_3a_3^{-1} = 1 \\ b^2ab^2a^{-1}b^{-1}b^{-2} = b^2ab^{-1}b^3a^{-1}b^3 = a_3b_3a_1^{-1}b_3^{-1} = 1. \end{cases}$$
これより $V = \varphi^{-1}(M_1) = \{a_1 \mid a_1^2 = 1\} \cong Z_2$ が結論される．

例 5 クローバ型結び目群
$$G = \pi_1(S^3 - k) = \{x, y \mid xyx = yxy\}$$
において，$\varphi(x) = \varphi(y) = \begin{pmatrix}1 & 2\end{pmatrix}$ によってモノドロミー写像 $\varphi\colon G \to M = S_2$ を与えよう．このとき $V = \varphi^{-1}(M_1) = \ker \varphi$ は $S^3 - k$ の 2 重被覆空間の基本群である．

$S = \{1, x\}$ とすれば V の生成元は
$$\begin{cases} x_1 = 1\,xx^{-1} = 1 \\ x_2 = xx\,1^{-1} = x^2, \end{cases} \quad \begin{cases} y_1 = 1\,yx^{-1} = yx^{-1} \\ y_2 = xy\,1^{-1} = xy \end{cases}$$

3-6 分岐被覆空間とその基本群

であり，V の関係式は

$$\begin{cases} 1xyxy^{-1}x^{-1}y^{-1}=xy(yx^{-1})^{-1}x^{-2}(yx^{-1})^{-1}=y_2y_1^{-1}x_2^{-1}y_1^{-1}=1 & (1) \\ xxyxy^{-1}x^{-1}y^{-1}x^{-1}=x^2(yx^{-1})x^2(xy)^{-1}(xy)^{-1}=x_2y_1x_2y_2^{-2}=1. & (2) \end{cases}$$

(1)より $y_2=y_1x_2y_1$．これを(2)に代入して，

$$V=\{x_2, y_2 \mid x_2y_1x_2y_1^{-1}x_2^{-1}y_1^{-1}y_1^{-1}x_2^{-1}y_1^{-1}=1\}$$

となる．ここで，V に $x_2y_1=y_1x_2$ となる可換の関係を加えて可換群と考えれば(**可換化**という)，それは $Z \oplus Z_3$ と同型になる．

練習問題

1. 図 3.6 のような結び目 k について，$\pi_1(S^3-k)$ のヴィルティンガー表示を考え，そこで写像 $x_i \longrightarrow (1\ 2)$ によって誘導されるモノドロミー写像を $\varphi: G \longrightarrow M=S_2$ とすれば，群 $V=\varphi^{-1}(M_1)$ を可換した群は $Z \oplus Z_5$ と同型であることを確かめよ．

図 3.6 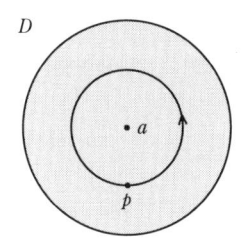　　　　　　　　図 3.7

3-6 分岐被覆空間とその基本群

やさしい例からはじめる．円盤 D の円部に点 a をとり，$D-\{a\}$ を考える（図 3.7 をみよ）．$\pi_1(D-\{a\}, p) \cong Z$ であり，その生成元 x は p からでて，a のまわりを 1 回まわって p にもどる道で与えられる．$x \longrightarrow (1\ 2\ 3)$ によって誘導されるモノドロミー写像 $\varphi: \pi_1(D-\{a\}, p) \longrightarrow M \subset S_3$ によって被覆空間 $\tilde{X}$ がつくられる．シュライアー系として $S=\{1, x, x^2\}$ をとれば，

$$\pi_1(\tilde{X}, \tilde{p})=\varphi^{-1}(M_1)=\ker \varphi$$

の生成元は

$$\begin{cases} x_1=1\cdot x x^{-1}=1 \\ x_2=x\cdot x x^{-2}=1 \\ x_3=x^2\cdot x 1^{-1}=x^3 \end{cases}$$

であり，$\pi_1(\tilde{X}, \tilde{p})$ は x_3 を生成元とする無限巡回群 Z である．

$\tilde{X}$ は以下のようにして幾何学的に構成される．D の周囲の円周上に点 b をとり，a と b とを線分 α で結ぶ $D-\{a\}$ を α に沿って切断すると，α は α^+ と α^- になる(図3.8)．この図形を Y とし，Y のコピーを3つ用意して，Y_1, Y_2, Y_3 と名づける(図3.9)．α^+, α^- に対応する Y_i $(i=1,2,3)$ 上の線分は α_i^+, α_i^- $(i=1,2,3)$ となる．ここで α_1^- と α_2^+，α_2^- と α_3^+，α_3^- と α_1^+ を重ね合わせ同一視すれば，$D-\{a\}=X$ の3重被覆空間 $\tilde{X}$ が得られる．

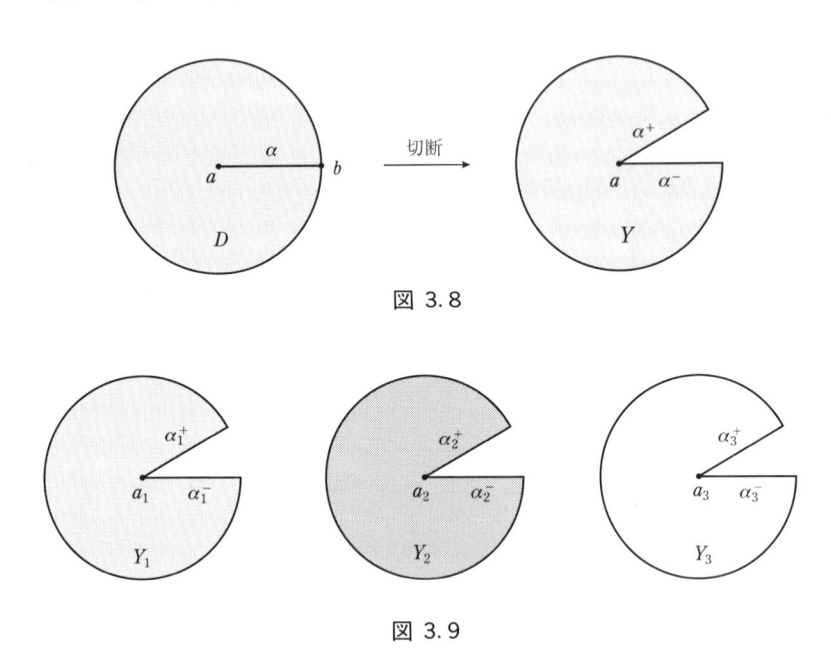

図 3.8

図 3.9

ここまでは Y_i の点 a_i は考慮に入れていない．しかし，上記の線分を重ね合わせ同一視する操作で a_1, a_2, a_3 まで重ね合わせたとすれば，$a_1=a_2=a_3$ となるので，これを一点 $\tilde{a}$ で表そう．そこで，$\tilde{X} \to D-\{a\}$ なる被覆写像に対応 $\tilde{a} \to a$ をつけ加えて，$\bar{X}=\tilde{X}\cup\{\tilde{a}\} \to D$ なる写像を考える．a の上にはただ一点 $\tilde{a}$ しか存在しない．このとき，この被覆写像は a で(または $\tilde{a}$ で)**分岐している**という．そして $\pi_1(\bar{X}, \tilde{p}_1)$ は，$\pi_1(\tilde{X}, \tilde{p}_1)$ に関係式 $x_1 x_2 x_3 = 1$ をつけ加えることによって得られる．x_i の添字 i が前節の例4に述べられている注意に従って付けられていることに注意しよう(図3.10)．

同様にして，円盤 D とその内部の点 a に対して，$D-\{a\}$ の g 重被覆空間，

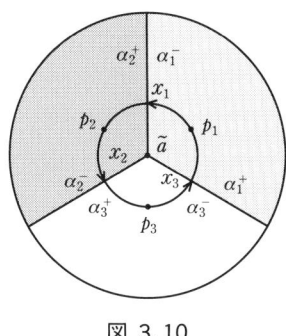

3-6 分岐被覆空間とその基本群

図 3.10

そして a で分岐した D の g 重分岐被覆が考えられるが，さらに S^3 内の結び目 k に対して S^3-k の g 重被覆空間，そして k で分岐した S^3 の g 重被覆空間を考えることができる．すなわち，結び目 k が与えられ，その群

$$\pi_1(S^3-k)=\{x_1, x_2, \cdots, x_i, \cdots, x_n \mid r_1=1, r_2=1, \cdots, r_j=1, \cdots\}$$

がヴィティンガー表示によって与えられたとき，対応

$$\varphi: x_i \longrightarrow \begin{pmatrix} 1 & 2 & \cdots & g \end{pmatrix} \quad (i=1, 2, \cdots, n)$$

によって誘導されるモノドロミー写像 $\varphi_i: \pi_1(S^3-k) \to M \subset S_g$ によって，S^3-k の g 重巡回被覆空間，そして S^3 の k で分岐した g 重巡回被覆空間が考えられるが，これらは以下のようにして幾何学的にも構成できる．

まず，任意の結び目 k は S^3 の中で向き付け可能な曲面の境界になっていることを注意する．例えば図 3.11 のように，向き付けられた結び目の正則射影図が与えられたとき，結び目の上のある点から出発してその方向に沿って動き，交差点を通過せず，そこでは交差する他の線分の方向に沿って動いているとする．交差点には 2 度くることになるが，それらは互いに交わらないようにする（図 3.12 をみよ）．そうすれば，その軌跡は平面上で互いに交わらない閉曲線

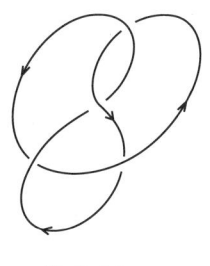

図 3.11 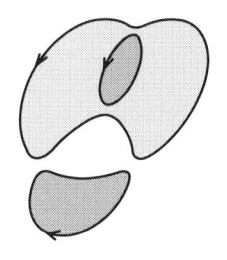　　　　　　　図 3.12

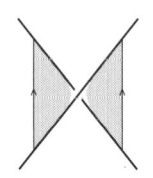

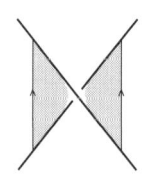

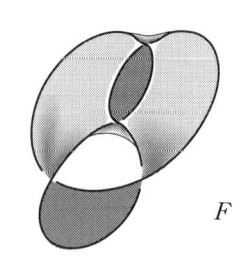

図 3.13

の集りとなる．これらの閉曲線は空間内で互いに交わらない円盤の境界になる．さらに交差点では2つの円盤に，もとの交差点での上下関係を保存するようにして橋をかける(図3.13をみよ)．そうすれば，求める曲面 F が得られ，その境界は与えられた結び目 k となる．この方法は向きの付いた結び目だけでなく，向きの付いた絡み目にも有効である．結び目(または絡み目) k が与えられたとき，その境界が k であるような空間内の向き付け可能な閉曲面 F は**ザイフェルト曲面**(Seifert surface)とよばれている．

ザイフェルト曲面 F の存在が確かめられれば，S^3-k の g 重巡回被覆空間を構成することはやさしい．まず S^3-k を曲面 F に沿って切断したものを Y とする．F は F^+ と F^- の2つの曲面で表される．Y の g 個のコピー $Y_1, Y_2, \cdots, Y_g$ を用意し，Y_i の上で F^+ に対応する曲面を F_i^+，F^- に対応する曲面を F_i^- $(i=1, 2, \cdots, g)$ とする．前と同様に，F_i^- と F_{i+1}^+ $(i=1, 2, \cdots, g-1)$，F_g^- と F_1^+ を重ね合わせ同一視すれば，S^3-k の g 重巡回被覆空間 $\tilde{X}$ が得られる．さらに，各 Y_i における結び目 k_i の点に対する点を同一視することによって，S^3 の k 上で分岐した g 重巡回被覆空間 $\bar{X}$ が得られる．

$\pi_1(\bar{X})$ の生成元と関係式による表示は，$\pi_1(\tilde{X})$ の生成元と関係式による表示に，分岐関係式といわれるものを加えることによって得られる．いま，結び目 k の結び目群のヴィルティンガー表示の生成元を $x_1, x_2, \cdots, x_n$ とするとき，シュライアー系を $S=\{1, x_1, x_1^2, \cdots, x_1^{g-1}\}$ ととれば，$\pi_1(\tilde{X})$ の生成元は

$$\begin{cases} x_{11}= 1 \ \ x_1 \ x_1^{-1}=1 \\ x_{12}= x_1 \ x_1 \ x_1^{-2}=1 \\ \vdots \\ x_{1g}=x_1^{g-1} \ x_1 \ 1^{-1}=x_1^g, \end{cases} \quad \begin{cases} x_{i1}= 1 \ \ x_i \ x_1^{-1} \\ x_{i2}= x_1 \ \ x_i \ x_1^{-2} \\ \vdots \\ x_{ig}=x_1^{g-1} \ x_i \ 1^{-1} \end{cases}$$

$$(i=2, 3, \cdots, n)$$

3-6 分岐被覆空間とその基本群

であり，分岐関係式は

$$x_{i1}x_{i2}\cdots x_{ig}=1 \quad (i=1,2,\cdots,n)$$

となる．図 3.14 でこの様子を図解してあるが，生成元を与える式と考え合わせて理解してほしい．図の真中にある円盤は，結び目 k の**管状近傍**(tubular neighborhood)を切断したものであり，その中心は k の点である．

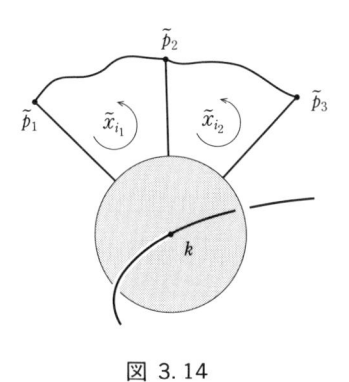

図 3.14

k が結び目である場合は，上の分岐関係式は $x_{1g}=1$ だけでも十分であるが，k が絡み目や空間グラフの場合は，各生成元 x_i に対する分岐関係式を書き下さなければならない．

一般に，ヴィルティンガー表示で，生成元 x_i に対して

$$\varphi: x_i \longrightarrow (\alpha_1\ \alpha_2\ \cdots\ \alpha_s)(\beta_1\ \beta_2\ \cdots\ \beta_t)\cdots$$

なる対応によってもモノドロミー写像 φ が与えられているとき，x_i に関する分岐関係式は

$$\begin{cases} x_{i\alpha_1}x_{i\alpha_2}\cdots x_{i\alpha_s}=1, \\ x_{i\beta_1}x_{i\beta_2}\cdots x_{i\beta_t}=1, \\ \quad\vdots \end{cases}$$

によって与えられる．ここで $x_{i\alpha_j}=s_{\alpha_j}x_i\phi(s_{\alpha_j}x_i)^{-1}$ であり，

$$\varphi(s_{\alpha_j})=\begin{pmatrix} 1 & \cdots \\ \alpha_j & \cdots \end{pmatrix}$$

である(図 3.15 をみよ)．

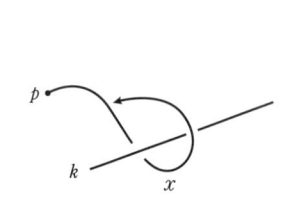

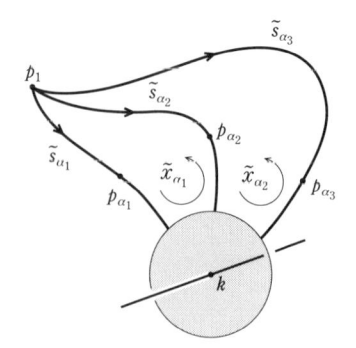

図 3.15

3-7 分岐被覆空間の基本群の計算例

例 6 K をクローバ型の結び目とすれば,
$$\pi_1(S^3-K)=\{x,y\mid xyx=yxy\}$$
である. 写像 $x, y \longrightarrow (1\ 2)$ によって誘導されるモノドロミー写像によって, S^3-K の2重被覆空間 $\tilde{X}$ がつくられる. $\pi_1(\tilde{X})$ はすでに3.5節の例5で計算したように
$$\pi_1(\tilde{X})=\{x_2,y_1\mid x_2y_1x_2y_1^{-1}x_2^{-1}y_1^{-1}y_1^{-1}x_2^{-1}y_1^{-1}=1\}$$
であり, $x_1=1$ である. ここで分岐関係式 $x_1x_2=1, y_1y_2=1$ を加えると $x_2=1$ となり, S^3 の K の上で分岐した2重被覆空間 $\bar{X}$ の基本群 $\pi_1(\bar{X})$ の表示は
$$\pi_1(\bar{X})=\{y_1\mid y_1^3=1\}$$
で与えられる. この群は Z_3 と同型である.

例 7 同様に, クローバ型の結び目 K とその基本群
$$\pi_1(S^3-K)=\{x,y\mid xyx=yxy\}$$
について考える. 写像 $x, y \longrightarrow (1\ 2\ 3)$ によって誘導されるモノドロミー写像によって, S^3-K の3重巡回被覆空間 $\tilde{X}$ がつくられる. ここで, $S=\{1, x, x^2\}$ とする. $\pi_1(\tilde{X})$ の生成元は

$$\begin{cases} x_1=1\,x\,x^{-1}=1 \\ x_2=x\,x\,x^{-2}=1 \\ x_3=x^2x\,1^{-1}=x^3, \end{cases} \quad \begin{cases} y_1=1\,y\,x^{-1}=yx^{-1} \\ y_2=x\,y\,x^{-2}=xyx^{-2} \\ y_3=x^2y\,1^{-1}=x^2y \end{cases}$$

3-7 分岐被覆空間の基本群の計算例

であり，その関係式は

$$\begin{cases} 1\,xyxy^{-1}x^{-1}y^{-1}1^{-1} = (xyx^{-2})x^3(y^{-1}x^{-2})(xy^{-1}) \\ \qquad\qquad\qquad\qquad = y_2x_3y_3^{-1}y_1^{-1}=1, \\ xxyxy^{-1}x^{-1}y^{-1}x^{-1} = (x^2y)(xy^{-1})x^{-3}(x^2y^{-1}x^{-1}) \\ \qquad\qquad\qquad\qquad = y_3y_1^{-1}x_3^{-1}y_2^{-1}=1, \\ x^2xyxy^{-1}x^{-1}y^{-1}x^{-2} = x^3(yx^{-1})(x^2y^{-1}n^{-1})(y^{-1}x^{-2}) \\ \qquad\qquad\qquad\qquad = x_3y_1y_2^{-1}y_3^{-1}=1 \end{cases}$$

であり，$x_1=x_2=1$ である．ここで分岐関係式 $x_1x_2x_3=1, y_1y_2y_3=1$ を加えると $x_3=1, y_3=y_2^{-1}y_1^{-1}$ であるので，S^3 の K の上で分岐した3重被覆空間 $\bar{X}$ の基本群 $\pi_1(\bar{X})$ の表示は

$$\pi_1(\bar{X})=\{y_1,y_2 \mid y_1y_2y_1y_2^{-1}=1, y_2y_1y_2y_1^{-1}=1, y_1^2y_2^2=1\}$$

である．ここでこの群を可換化すれば

$$\{y_1,y_2 \mid 2y_1=0, 2y_2=0\}=Z_2\oplus Z_2$$

である．

例8 同様に，クローバ型の結び目 K について考える．写像 $x\longrightarrow(1\ 2)$, $y\longrightarrow(1\ 3)$ によって誘導されるモノドロミー写像は，$\pi_1(S^3-K)$ から S_3 上への準同型写像であり，$M_1=\{1,(2\ 3)\}$ は S_3 の正規部分群ではないので，この写像に対応する S^3-K の被覆空間は正則被覆空間ではない[†]．シュライアー系を $\{1,x,y\}$ ととれば，$\pi_1(\tilde{X})$ の生成元は

$$\begin{cases} x_1=1\,x\,x^{-1}=1 \\ x_2=x\,x\,1^{-1}=x^2 \\ x_3=y\,x\,y^{-1}=yxy^{-1}, \end{cases} \qquad \begin{cases} y_1=1\,y\,y^{-1}=1 \\ y_2=x\,y\,x^{-1}=xyx^{-1} \\ y_3=y\,y\,1^{-1}=y^2 \end{cases}$$

であり，その関係式は

$$\begin{cases} 1\,xyxy^{-1}x^{-1}y^{-1}1^{-1}=(xyx^{-1})x^2y^{-2}(yx^{-1}y^{-1}) \\ \qquad\qquad\qquad\qquad = y_2x_2y_3^{-1}x_3^{-1}=1, \\ xxyxy^{-1}x^{-1}y^{-1}x^{-1}=x^2(yxy^{-1})x^{-2}(xy^{-1}x^{-1}) \\ \qquad\qquad\qquad\qquad = x_2x_3x_2^{-1}y_2^{-1}=1 \\ yxyxy^{-1}x^{-1}y^{-1}y^{-1}=(yxy^{-1})y^2(xy^{-1}x^{-1})y^{-2} \\ \qquad\qquad\qquad\qquad = x_3y_3y_2^{-1}y_3^{-1}=1 \end{cases}$$

[†] $\varphi(\pi_1(X))=S_3$ であるような X の被覆空間は，X の**非正則3重被覆空間**とよばれている．

と表示される．すなわち，

$$\pi_1(\tilde{X}) = \{x_3, y_3 \mid x_3 y_3 x_3 y_3 = y_3 x_3 y_3 x_3\}$$

である．このモノドロミー写像による，S^3 の K 上で分岐した非正則 3 重被覆空間 $\bar{X}$ の分岐関係式は

$$x_1 x_2 = 1, \quad x_3 = 1, \quad y_1 y_3 = 1, \quad y_2 = 1$$

であり，したがって，$x_1 = 1, y_1 = 1$ であるので，$\pi_1(\bar{X})$ は自明な群である．

[注意] ここで $\bar{X}$ は S^3 に同相である．また，$\bar{X} = S^3$ において K 上で分岐する点の集合は図 3.17 に示された絡み目と同位である．ただし，K は図 3.16 に示されたクローバ型の結び目とする[†].

図 3.16　　　　　　　　図 3.17

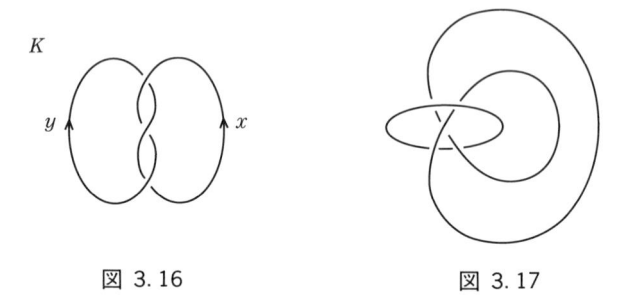

例 9 図 3.18 によって示された空間グラフ K_1 について考えよう．まず，$G = \pi_1(S^3 - K_1)$ の表示を，結び目群のヴィルティンガー表示にならって求める．G の生成元は $x_1, x_2, x_3, y, z_1, z_2$ である．3 つの交差点での関係式は

$$\begin{cases} x_1 = z_2 x_2 z_2^{-1} \\ x_2 = z_1 x_3 z_1^{-1} \\ z_1 = x_2 z_2 x_2^{-1} \end{cases}$$

であるが，これに 2 つの頂点のまわりの関係式

$$\begin{cases} z_1 y x_1 = 1 \\ x_3 y z_2 = 1 \end{cases}$$

を加える．$x_3 = z_2^{-1} y^{-1}, x_1 = y^{-1} z_1^{-1}$ より

$$y^{-1} z_1^{-1} = z_2 x_2 z^{-1}, \quad x_2 = z_1 z_2^{-1} y^{-1} z_1^{-1}, \quad z_1 = x_2 z_2 x_2^{-1}.$$

したがって

$$y^{-1} = z_2 x_2 z_2^{-1} z_1 = z_2 x_2 z_2^{-1} x_2 z_2 x_2^{-1},$$

[†] S. Kinoshita, Canad. Math. Bull. 28 (1985), 165-173.

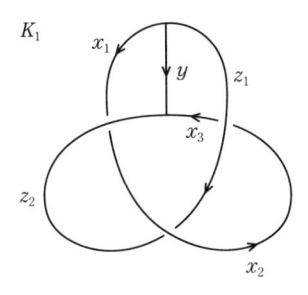

3-7 分岐被覆空間の基本群の計算例

図 3.18

また $z_2 z_1^{-1} x_2 = y^{-1} z_1^{-1}$ より,
$$\begin{aligned} y^{-1} &= z_2 z_1^{-1} x_2 z_1 \\ &= z_2 \cdot x_2 z_1^{-1} x_2^{-1} \cdot x_2 \cdot x_2 z_2 x_2^{-1} \\ &= z_2 x_2 z_2^{-1} x_2 z_2 x_2^{-1}, \end{aligned}$$
$$\begin{aligned} G &= \pi_1(S^3 - K_1) \\ &= \{x_2, y, z_2 \mid y = x_2 z_2^{-1} x_2^{-1} z_2 x_2^{-1} z_2^{-1}\} \\ &= \{x_2, z_2 \mid \quad \} \end{aligned}$$
である.

ここで次の対応
$$\begin{cases} x_i \longrightarrow (1\ 2)(3\ 4) & (i=1,2,3) \\ y \longrightarrow (1\ 3)(2\ 4) & \\ z_i \longrightarrow (1\ 4)(2\ 3) & (i=1,2) \end{cases}$$
によって誘導されるモノドロミー写像 φ による $S^3 - K_1$ の被覆空間 $\tilde{X}_1$ の基本群を求めよう.以下簡単のために $x_2 = x$, $z_2 = z$ とおき,シュライアー系として $\{1, x, y, z\}$ をとる.$\pi_1(\tilde{X}_1)$ の生成元は
$$\begin{cases} x_1 = 1\,xx^{-1} = 1 \\ x_2 = xx\,1^{-1} = x^2 \\ x_3 = yxz^{-1} \\ x_4 = zxy^{-1} \end{cases}, \quad \begin{cases} y_1 = 1\,yy^{-1} = 1 \\ y_2 = xyz^{-1} \\ y_3 = yy\,1^{-1} = y^2 \\ y_4 = zyx^{-1} \end{cases}, \quad \begin{cases} z_1 = 1\,zz^{-1} = 1 \\ z_2 = xzy^{-1} \\ z_3 = yzx^{-1} \\ z_4 = zz\,1^{-1} = z^2 \end{cases}$$
であり,その関係式は

$$\begin{cases} 1\,xz^{-1}x^{-1}zx^{-1}z^{-1}y^{-1}1^{-1}=(xz^{-1}y^{-1})(yx^{-1}z^{-1})z^2x^{-2}(xz^{-1}y^{-1}) \\ \qquad\qquad\qquad\qquad = z_3^{-1}x_4^{-1}z_4x_2^{-1}z_3^{-1}=1, \\ x\,xz^{-1}x^{-1}zx^{-1}z^{-1}y^{-1}x^{-1}=x^2z^{-2}(zx^{-1}y^{-1})(yzx^{-1})z^{-2}(zy^{-1}x^{-1}) \\ \qquad\qquad\qquad\qquad = x_2z_4^{-1}x_3^{-1}z_3z_4^{-1}y_2^{-1}=1, \\ y\,xz^{-1}x^{-1}zx^{-1}z^{-1}y^{-1}y^{-1}=(yxz^{-1})x^{-2}(xzy^{-1})(yx^{-1}z^{-1})y^{-2} \\ \qquad\qquad\qquad\qquad = x_3x_2^{-1}z_2x_4^{-1}y_3^{-1}=1, \\ z\,xz^{-1}x^{-1}zx^{-1}z^{-1}y^{-1}z^{-1}=(zxy^{-1})(yz^{-1}x^{-1})(zx^{-1}y^{-1})(yz^{-1}x^{-1})(xy^{-1}z^{-1}) \\ \qquad\qquad\qquad\qquad = x_4z_2^{-1}x_3^{-1}z_2^{-1}y_4^{-1}=1 \end{cases}$$

である．分岐の関係式は

$$x_1x_2=1,\quad x_3x_4=1,\quad y_1y_3=1,\quad y_2y_4=1,\quad z_1z_4=1,\quad z_2z_3=1$$

であり，K_1 上で分岐した被覆空間 $\bar{X}_1$ の基本群 $\pi_1(\bar{X}_1)$ については

$$x_2=1,\quad x_4=x_3^{-1},\quad y_3=1,\quad y_4=y_2^{-1},\quad z_4=1,\quad z_3=z_2^{-1}$$

が成り立つ．したがって，

$$\begin{cases} z_2x_3z_2=1, \\ x_3^{-1}z_2^{-1}y_2^{-1}=1, \\ x_3z_2x_3=1, \\ x_3^{-1}z_2^{-1}x_3^{-1}z_2^{-1}y_2=1 \end{cases}$$

となり，$\pi_1(\bar{X})=\{z_2\mid z_2{}^3=1\}\cong Z_3$ となる．

注意 1　例 4 において $\varphi(G)\cong Z_2\oplus Z_2$ であるので，例 4 のような分岐被覆空間を $Z_2\oplus Z_2$ **分岐被覆空間**とよぶ．

注意 2　空間内において相異なる 2 点を頂点を除いて互いに交わらない 3 本の折線で結んだ図形 K を空間内の **θ-曲線** (θ-curve) とよぶ．K の $Z_2\oplus Z_2$ 分岐被覆空間はすべての K に対して存在する．θ-曲線の分岐被覆空間については，以下の文献[†]を参照せよ．また，θ-曲線の非正則 3 重分岐被覆についても，文献[††]を参照せよ．

練習問題

1. 平面上の θ-曲線 K_0 を空間内の図形を考えた場合，K_0 を**自明な θ-曲線**とよぶ．自明な θ-曲線の $Z_2\oplus Z_2$ 分岐被覆空間は S^3 と同相であることを確かめよ．

[†]　M. Nakao, Kobe J. Math. 9 (1992), 89-99.
　　M. Sakuma, Canad. J. Math. 47 (1995), 201-224.
[††]　T. Harikae, Osaka J. Math. 28 (1991), 639-648.

2. 例4の K_1 について，S^3-K_1 と S^3-K_0 とが同相であることを示せ．ただし K_0 は自明な θ-曲線とする．

3. $Q=\{i, j, k \mid i^2=j^2=k^2=-1, ij=-ji, jk=-ki, ki=-ik\}$ である群を**四元数群**(quaternion group)とよぶ．K を空間内の任意の θ-曲線とするとき，$\pi(S^3-K)$ を Q の上にうつす準同型写像 φ が存在することを証明せよ．ここで Q を置換群で表現して，φ をモノドロミー写像と考える K の Q 分岐被覆空間については以下の論文を参照せよ†．

3-8 無限巡回被覆空間とアレクサンダー多項式 I

結び目 K の結び目群 $G(K)$ はヴィルティンガー表示を使って
$$G(K)=\pi_1(S^3-K, p)$$
$$=\{x_1, x_2, \cdots, x_n \mid x_j=x_k x_i x_k^{-1} \text{(各交差点)}\}$$
と表される．ここで x_i $(i=1, 2, \cdots, n)$ は K の正則射影図の上の道に対応し，関係式 $x_j=x_k x_i x_k^{-1}$ は各交差点に対応する．関係式は n 個あるが，関係式の一つは他の関係式から導かれる．

ここで S^3-K の無限巡回被覆空間 $\tilde{X}(K)$ について考えよう．この被覆空間に対する $G(K)$ のモノドロミー写像 φ は，任意の x_i $(i=1, 2, \cdots, n)$ に対して
$$\varphi(x_i)=\begin{pmatrix} \cdots\cdots & m & \cdots\cdots \\ & m+1 & \end{pmatrix}$$
$$=\begin{pmatrix} \cdots & -1 & 0 & 1 & \cdots & m & m+1 & \cdots \end{pmatrix}$$
によって誘導され，$\varphi(G(K))$ は無限巡回群である．シュライアー系としては
$$S=\{x_1{}^m\} \quad (m=0, \pm 1, \pm 2, \cdots)$$
をとることができる．$\pi_1(\tilde{X}(K))$ の生成元は
$$x_{1m}=x_1{}^m x_1 x_1{}^{-m-1}=1,$$
$$x_{im}=x_1{}^m x_i x_1{}^{-m} \quad (x_{im}^{-1}=x_1{}^{m+1} x_i^{-1} x_1{}^{-m})$$
$$(m=0, \pm 1, \pm 2, \cdots) \quad (i=2, 3, \cdots, n)(m=0, \pm 1, \pm 2, \cdots)$$
である．関係式は
$$x_1{}^m x_k x_i x_k^{-1} x_j^{-1} x_1{}^{-m}$$
$$=(x_1{}^m x_k x_1{}^{-m-1})(x^{m+1} x_i x_1{}^{-m-2})(x_1{}^{m+2} x_k^{-1} x_1{}^{-m-1})(x_1{}^{m+1} x_j^{-1} x_i^{-m})$$
$$=x_{km} \cdot x_{i\,m+1} \cdot x_{k\,m+1}^{-1} \cdot x_{jm}^{-1}=1 \quad (m=0, \pm 1, \pm 2, \cdots)$$

---
† H. Naka, Ph. D. Thesis, Kansei Gakuin Univ., 1994.

であるが，これを可換化すれば
$$x_{km}+x_{i\,m+1}-x_{k\,m+1}-x_{jm}=0 \quad (m=0,\pm1,\pm2,\cdots).$$
さらにここで $x_{i0}=x_i$ と簡易化し，$x_{im}=t^m x_i\,(i=2,3,\cdots,n)$ とおけば
$$(1-t)t^m x_k + t^{m+1}x_i - t^m x_j = 0$$
であるが，t^m で割って
$$(1-t)x_k + tx_i - x_j = 0$$
と，すべての $m=0,\pm1,\pm2,\cdots$ について一つの式が得られる．

注意 ここで t は $\tilde{X}$ の**被覆変換群**(covering transformation group)とよばれるものの生成元に対応するものであるが，本書では論じないことにする．

ここで，n 行 n 列からなる行列 $A(K)$

$$A(K)=\begin{pmatrix} \overset{x_1}{1} & \overset{x_2}{0} & \cdots & \overset{x_i}{0} & \overset{x_j}{0} & \overset{x}{0} & \cdots & \overset{x_n}{0} \\ \cdots\cdots & & & & & & & \\ 0 & 0 & & t & -1 & (1-t) & & 0 \\ \cdots\cdots & & & & & & & \end{pmatrix}$$

は**アレクサンダー行列**(Alexander matrix)とよばれるものであり，この行列の行列式
$$\varDelta_K(t)=|A(K)|$$
は**アレクサンダー多項式**(Alexander polynomial)とよばれる．$\varDelta_K(t)$ はその作り方より $\pm t^\lambda\,(\lambda\in I)$ を除いて定まる結び目 K の代数的不変量である．

$A(K)$ の構成の仕方から，アレクサンダー多項式は向きの付いた結び目 $\vec{K}$ に対して定まる．もし $\vec{K}$ の向きを逆にした結び目 $\overleftarrow{K}$ を考えるならば，
$$\varDelta_{\vec{K}}(t) \equiv \varDelta_{\overleftarrow{K}}(t^{-1})$$
である．しかし，アレクサンダー多項式自体が $\varDelta_K(t)\equiv\varDelta_K(t^{-1})$ なる性質を満たしているので，$\varDelta_K(t)$ は向き付けされていない結び目 K の不変量である．

さらに，$\varDelta_K(t)$ は $\varDelta(t)=\pm1$ なる性質をもつ．逆に
$$f(1)=\pm1,\quad f(t)\equiv f(t^{-1})$$
なる性質を満たす多項式があれば，それはある結び目 K のアレクサンダー多項式であることも証明されているので，上記の 2 つの条件がアレクサンダー多項式の特徴づけになっている．

本書ではふれないが，1984 年以降 ジョーンズ(Jones)多項式をはじめ数多くの多項式が結び目・絡み目・空間グラフに対して見いだされている．

3-8 無限巡回被覆空間とアレクサンダー多項式 I

例 10 自明な結び目 K_0 に対して
$$A(K_0) = \begin{pmatrix} x_1 \\ 1 \end{pmatrix}, \quad \Delta_{K_0}(t) = 1.$$

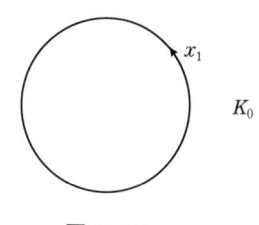

図 3.19

例 11 クローバ型の結び目 K_1 に対して
$$A(K_1) = \begin{pmatrix} x_1 & x_2 & x_3 \\ 1 & 0 & 0 \\ t & -1 & (1-t) \\ (1-t) & t & -1 \end{pmatrix},$$

$$\Delta_{K_1}(t) = 1 - t(1-t) = t^2 - t + 1.$$

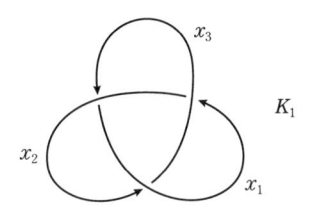

図 3.20

例 12 8の字型の結び目 K_2 に対して
$$A(K_2) = \begin{pmatrix} x_1 & x_2 & x_3 & x_4 \\ 1 & 0 & 0 & 0 \\ -1 & t & 0 & (1-t) \\ (1-t) & t & -1 & 0 \\ 0 & (1-t) & -1 & t \end{pmatrix},$$

$$\Delta_{K_2}(t) = \begin{vmatrix} t & 0 & (1-t) \\ t & -1 & 0 \\ (1-t) & -1 & t \end{vmatrix}$$
$$= -t^2 - t(1-t) + (1-t)^2 = t^2 - 3t + 1.$$

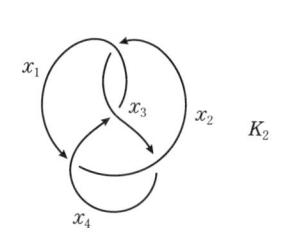

図 3.21

練習問題

1. 次の結び目 K_3 のアレクサンダー多項式を求めよ(図 3.22).

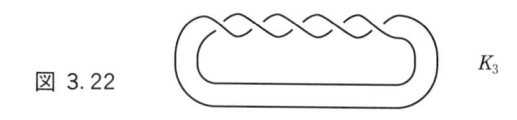

   図 3.22

2. 任意の結び目 K に対して $\Delta_K(1) = \pm 1$ であることを証明せよ.
3. 結び目のアレクサンダー多項式はライデマイスターの操作に対して不変であることを直接に図により証明せよ.

3-9 無限巡回被覆空間とアレクサンダー多項式 II

まず結び目群のデーン表示からはじめる．向きの付いた結び目 K の正則射影図は，それが n 個の交差点をもつとき，辺の数は $2n$，射影図は平面を $n+2$ 個の領域に分ける．ここで各領域を $R_0, R_1, \cdots, R_{n+1}$ と名づけるが，R_0 は一番外側の無限にまで拡がった領域とする．ここで，基本群 $\pi_1(S^3-K, p)$ の表示を考えるが，点 p は R_0 の下方にあるとする．点 p から横に領域 R_i の下方までいき，そこから R_i を垂直に横切って上方にいき，さらに横に点 p の上方にいき，そこから垂直に点 p に戻る道を r_i で表す†（図 3.23）．このとき，$r_0(=1), r_1, r_2, \cdots, r_{n+1}$ は，$\pi_1(S^3-K, p)$ の生成元の集りとなる．各交差点においては，図 3.24 からわかるように

$$r_s r_r^{-1} = r_t r_u^{-1}$$

なる関係があり，$\pi_1(S^3-k, p)$ は

$$\{r_0, r_1, \cdots, r_{n+1} \mid r_0=1, r_s r_r^{-1} = r_t r_u^{-1} \text{（各頂点）}\}$$

と表示できるが，これは結び目群の**デーン表示**(Dehn presentation)とよばれている．

ここで前節と同じく，S^3-K の無限巡回被覆空間 $\tilde{X}(K)$ を考えよう．それはデーン表示の生成元 r_i に対して

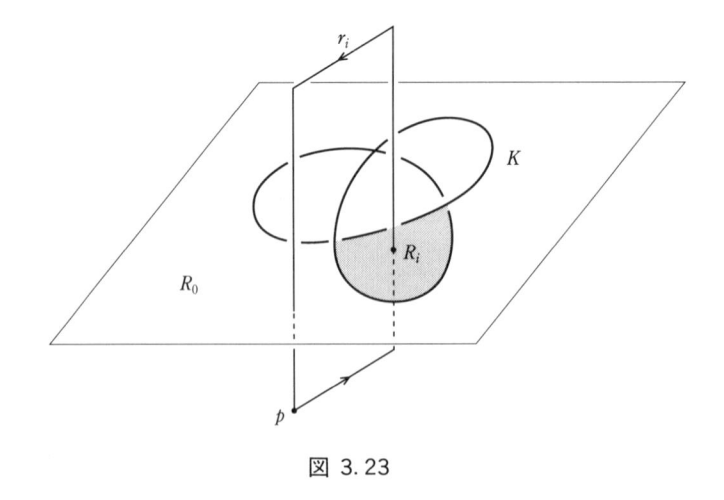

図 3.23

---

† ここでは結び目 K は，その射影図の平面 R のごく近くに位置していると仮定している（図 3.23 を参照せよ）．

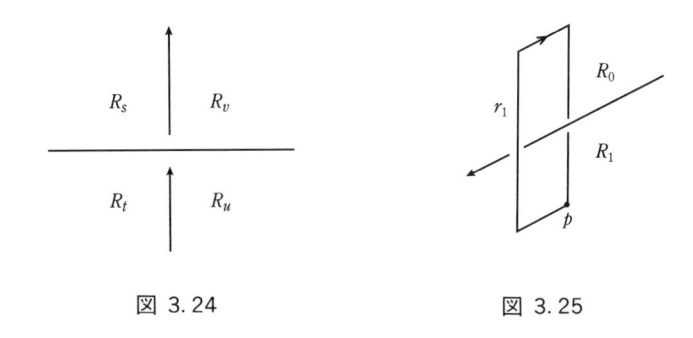

3-9 無限巡回被覆空間とアレクサンダー多項式 II

図 3.24

図 3.25

$$\varphi(r_i) = \begin{pmatrix} \cdots & -1 & 0 & 1 & \cdots \\ \cdots & \lambda_{i-1} & \lambda_i & \lambda_{i+1} & \cdots \end{pmatrix}$$

なる置換を対応させてできるモノドロミー写像によって与えられる．ただし
$$\lambda_i = \mathrm{lk}(r_i, K) \; ^\dagger$$
とする．領域 R_1 を R_0 ととなり合わせのものとし，便宜上 $\mathrm{lk}(r_1, K)=1$ と仮定する(図3.25)．もし $\mathrm{lk}(r_1, K)=-1$ ならば，平面上の無限遠点を R_0 から R_1 にうつし，R_0 を改めて R_1 とし，もとの R_1 を R_0 とおきなおせばよい．そしてシュライアー系として
$$S = \{1, r_1^{\pm 1}, r_1^{\pm 2}, \cdots\}$$
をとる．

$\pi_1(\tilde{X}(K))$ の生成元は
$$\begin{cases} r_1^m r_i r_1^{-(m+\lambda_i)} = r_{im} \\ r_1^m r_0 r_1^{-m} = r_{0m} = 1 \\ r_1^m r_1 r_1^{-(m+1)} = r_{1m} = 1 \end{cases} \quad (m=0, \pm 1, \pm 2, \cdots)$$
と表される．

$\pi_1(\tilde{X}(K))$ の関係式を求めよう．2つの場合に分けて計算する．

（ⅰ）図3.26の場合．$\lambda_s = \mu$ とすれば，$\lambda_t = \lambda_v = \mu+1, \lambda_u = \mu+2$ であり，$r_s r_v^{-1} = r_t r_u^{-1}$ より，
$$(r_1^m r_s r_1^{-(m+\mu)})(r_1^{m-1} r_v r_1^{-(m+\mu)})^{-1}(r_1^{m-1} r_u r_1^{-(\mu+m+1)})(r_1^m r_t r_1^{-(\mu+m+1)})^{-1} = 1,$$
$$r_{sm} r_{v(m-1)}^{-1} r_{u(m-1)} r_{tm}^{-1} = 1.$$

---

† $\mathrm{lk}(r_i, K)$ は r_i と K の**絡み数**(linking number)とよばれるものであり，詳しくは本節の最後にある付記を参照のこと．なお，ヴィルティンガー表示の生成元 x_i に対しては，$\mathrm{lk}(x_i, K) = -1$ となっている．

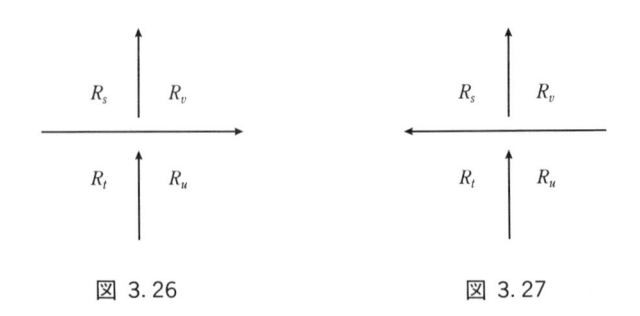

```
      ↑       ↑              ↑       ↑
   R_s      R_v            R_s     R_v
   ──────────→            ←──────────
   R_t      R_u            R_t     R_u
      ↑       ↑              ↑       ↑
```

　　　　　図 3.26　　　　　　　　図 3.27

（ii）図 3.27 の場合．$\lambda_s = \mu$ とすれば，$\lambda_t = \mu - 1, \lambda_v = \mu + 1, \lambda_\mu = \mu$ であり，$v_s r_v^{-1} = r_t r_u^{-1}$ より，

$$(r_1^m r_s r_1^{-(m+\mu)})(r_1^{m-1} r_v r_1^{-(m+\mu)})^{-1}(r_1^{m-1} r_u r_1^{-(m+\mu+1)})(r_1^m r_t r_1^{m+\mu+1})^{-1} = 1,$$

$$r_{sm} r_{v(m-1)} r_{u(m-1)} r_{tm}^{-1} = 1.$$

したがって，(i)の場合と同じ関係式が得られる．

ここで群を可換化し，$r_{i0} = r_i$ とおき，$r_{im} = t^m r_i$ とおけば，上記の関係式は

$$t^m r_s - t^m r_t + t^{m-1} r_u - t^{m-1} r_0 = 0 \quad (m = 0, \pm 1, \pm 2, \cdots)$$

と表され，t^{m-1} で割ると

$$t r_s - t r_t + r_u - r_v = 0$$

と表され，さらに $r_0 = 0, r_1 = 0$ である．ここで，次の $(n+2)$ 行の正方行列 $B(K)$ を考える．

$$\begin{pmatrix} r_0 & r_1 & \cdots & r_s & r_t & r_u & r_v \\ 1 & 0 & \cdots & 0 & 0 & 0 & 0 \\ 0 & 1 & \cdots & 0 & 0 & 0 & 0 \\ & & \cdots\cdots\cdots & & & & \\ & & & t & -t & 1 & -1 \\ & & \cdots\cdots\cdots & & & & \end{pmatrix}$$

$B(K)$ は**アレクサンダー行列**とよばれるものであり，この行列の行列式 $|B(K)|$ は前節の $|A(K)|$ と $\pm t^\lambda (\lambda \in I)$ を除いて等しい．したがって，アレクサンダー多項式 $\Delta_K(t)$ はこのようにしても計算できる．

アレクサンダー多項式が結び目群の表示によらないことについては，Crowell-Fox の Introduction to Knot Theory[†] を参照せよ．ただし，アレクサンダー多項式は無限巡回被覆空間の位相的不変量ではない．

---

† 邦訳：寺阪英孝・野口 廣 訳，「結び目理論入門」，岩波書店，1967．

3-9 無限巡回被覆空間とアレクサンダー多項式 II

例 13 自明な結び目 K_0 に対して (図 3.28)

$$|B(K_0)| = \begin{vmatrix} r_0 & r_1 \\ 1 & 0 \\ 0 & 1 \end{vmatrix} = 1.$$

ゆえに $\Delta_{K_0}(t) = 1$.

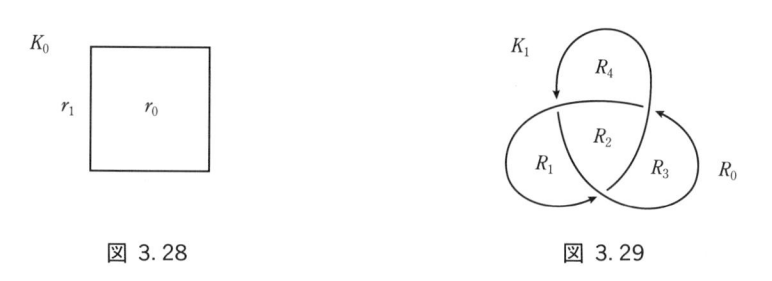

図 3.28

図 3.29

例 14 クローバ型の結び目 K_1 に対して (図 3.29)

$$|B(K_1)| = \begin{vmatrix} r_0 & r_1 & r_2 & r_3 & r_4 \\ 1 & 0 & 0 & 0 & 0 \\ 0 & 1 & 0 & 0 & 0 \\ 1 & -t & t & -1 & 0 \\ 1 & -1 & t & 0 & t \\ 1 & 0 & t & -t & -1 \end{vmatrix} = \begin{vmatrix} t & -1 & 0 \\ t & 0 & -t \\ t & -t & -1 \end{vmatrix}$$

$$= t^2 - t^3 - t$$
$$= -t(t^2 - t + 1).$$

ここで $\Delta_K(t)$ は $\pm t^\mu$ を除いて決まるので,$\Delta_{K_1}(t) = t^2 - t + 1$.

例 15 (結び目の対称和) 結び目 K に対しその鏡像を K^{-1} とし (図 3.30),K と K^{-1} の和 $K\#K^{-1}$ を考え (図 3.31),さらに K と K^{-1} の対応する点を選んで,その近くを引き伸ばして図 3.32 のように n 回絡み合わせる.交差点の数は $2n$ である.このようにしてできる結び目を,結び目 K の**対称和**(symmetric union) という.

結び目 K の対称和 $K^\#$ のアレクサンダー多項式 $\Delta_{K^\#}(t)$ を求めよう.K と K^{-1} の対応する交差点では,例えば図 3.33(a) のような関係にある.また $K^\#$ をつくるために新しく絡ませたところでは図 3.33(b) のような関係にあるので,

K　　　　　　　　K^{-1}

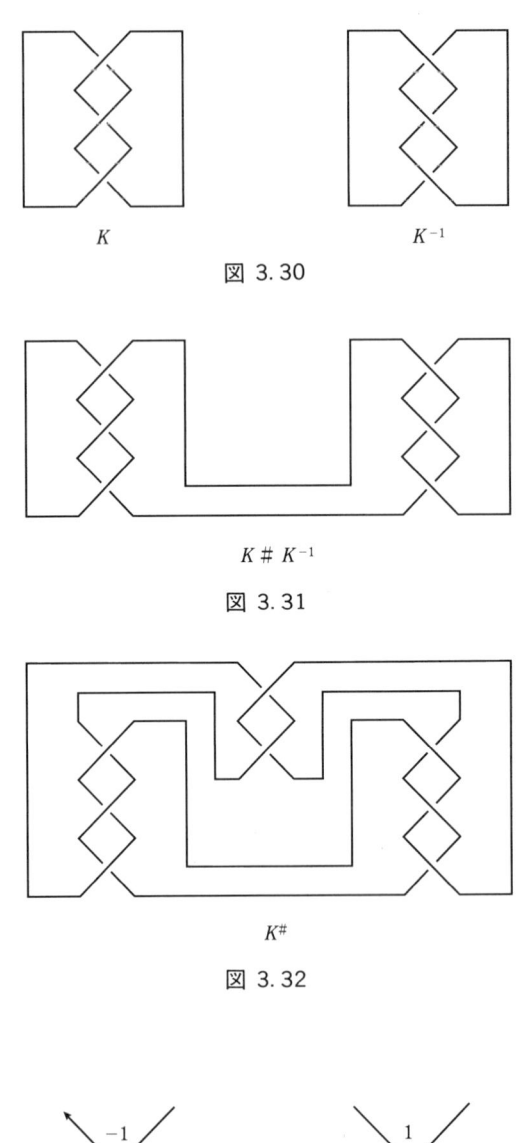

図 3.30

$K \# K^{-1}$

図 3.31

$K^\#$

図 3.32

(a)　　　　　　　(b)

図 3.33

3-9 無限巡回被覆空間とアレクサンダー多項式 II

それに対応する行列は

$$\begin{pmatrix} \overset{r_1}{-1} & \overset{r_2}{-t} & \overset{r_3}{0} & & & \overset{r_{2n+1}}{0} & \overset{r_s}{t} & \overset{r_{s'}}{1} \\ 0 & -t & -1 & & \cdots & 0 & 1 & t \\ 0 & 0 & -1 & -t & & 0 & t & 1 \\ & & & \cdots\cdots\cdots\cdots\cdots & & & & \\ & & & & -t & -1 & 1 & t \end{pmatrix}$$

となる．ここで，$r_2, r_3, \cdots, r_{2n}$ 対応する列（および行）を順次消去していくと，この部分は

$$\begin{pmatrix} \overset{r_1}{1} & \overset{r_{2n+1}}{-1} & \overset{r_s}{n-nt} & \overset{r_{s'}}{nt-n} \end{pmatrix}$$

となり，さらに r_0, r_1 に対応する列（および行）を消去すれば

$$B(K^\#) = \begin{pmatrix} \overset{r_t}{} & \overset{r_s}{} & \overset{r_{2n+1}}{} & \overset{r_{s'}}{} & \overset{r_{t'}}{} \\ \boxed{ \ M \ } & & & O & \\ & \boxed{n-nt \mid -1 \mid nt-n} & & \\ O & & \boxed{ \ -M \ } & \end{pmatrix}$$

となる．ここで M に対し $-M$ は列の順序も逆になっている．さらに

$$B(K^\#) = \begin{pmatrix} \overset{r_t}{} & \overset{r_s}{} & \overset{r_{2n+1}}{} & \overset{r_{s'}}{} & \overset{r_{t'}}{} \\ \boxed{M' \mid *} & & & O & \\ & \boxed{0 \mid -1 \mid nt-n} & & \\ O & & \boxed{0 \mid -M'} & \end{pmatrix}$$

となる．ここで，M' は結び目 K に対するアレクサンダー行列から，$r_0, r_1 (= r_{2n+1})$ に対する行と列を除いたものであり，同様にして，$-M'$ は結び目の鏡像 K^{-1} に対するアレクサンダー行列から，$r_0, r_1 (=r_{2n+1})$ に対する行と列を除いたものである．したがって，

$$\varDelta_{K^\#}(t) = \varDelta_K(t)\varDelta_{K^{-1}}(t) = (\varDelta_K(t))^2$$

がなりたち，$\varDelta_{K^\#}(t)$ は $K^\#$ を構成したとき新しく絡ませた交差点の数 $2n$ に関係しない．

特に K が自明な結び目であれば，$\varDelta_{K^\#}(t)=1$ がなりたつ．図 3.34 に示した

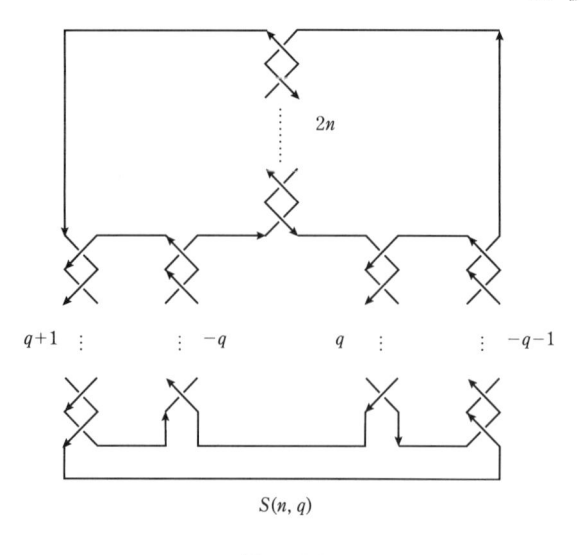

図 3.34

自明な結び目から出発して，対称和を構成して得られる結び目 $S(n,q)$ は，**樹下・寺阪**(Kinoshita-Terasaka)**の結び目**とよばれる (n,q は交差点の数である)[†]. これらの結び目はすべて自明な結び目とは異なる[†]. とくに $q=2, n=1$ の場合を樹下・寺阪の結び目とよぶことが多い. 図では交差点の数は 12 であるが，それを 11 に減らすことができる. なお，交差点の数が 10 またはそれ以下の自明でない結び目 K に対しては，$\Delta_K(t) \neq 1$ がなりたつ.

付記(絡み目)　空間内に互いに交わらない 2 つの結び目[††]があるとき，この 2 つの結び目の間の絡み数を定義しよう. それは直観的にいえば，図 3.35 において，(1)の場合は 0，(2)の場合は 1，(3)の場合は 2，というように，一方の結び目が他方の結び目に何回まつわりついているかを示す数である.

絡み目をより正確に定義するためには，与えられた 2 つの結び目 K_1, K_2 は，向きの付いた結び目であるとしなければならない. まず向き付けられた 2 つの結び目 K_1, K_2 の平面の射影図において，K_1 の射影図と K_2 の射影図が交差し

[†] これらの結び目の分類については，"R. Fukumoto and Y. Shinohara, Kobe J. Math 14 (1997)" を参照.

[††] または**絡み目**ともよばれる.

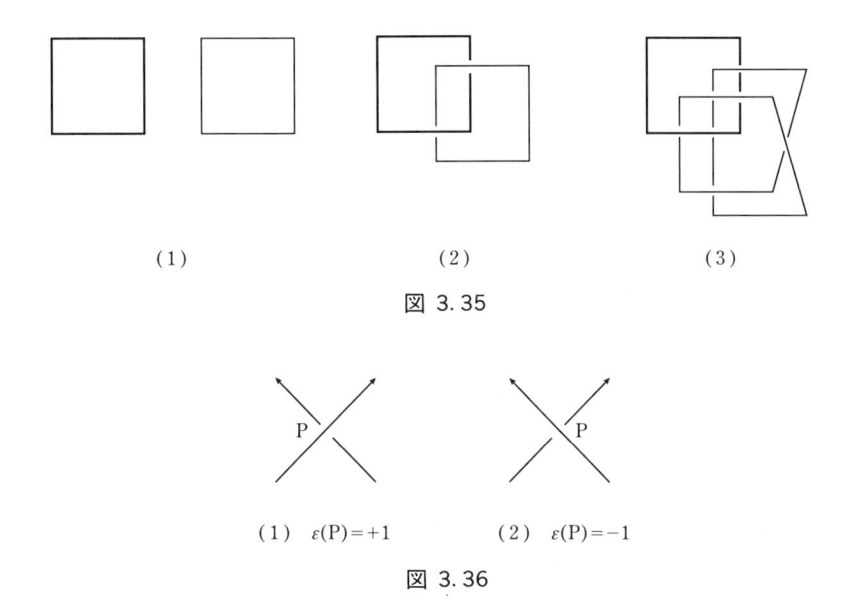

3-9 無限巡回被覆空間とアレクサンダー多項式 II

(1)　　　　(2)　　　　(3)

図 3.35

(1) $\varepsilon(P)=+1$　　(2) $\varepsilon(P)=-1$

図 3.36

ている点 P とそのまわりについてだけ考えよう．そこでは図 3.36 で示されるような 2 つの場合のどちらかになっている．これらの場合を区別して，(1) の場合は $\varepsilon(P)=+1$, (2) の場合は $\varepsilon(P)=-1$ とおく．すなわち，交差点 P に対して $+1$ か -1 を対応させるわけである．

2 つの結び目 K_1, K_2 の射影図において K_1 と K_2 の交差点を順次 $P_1, P_2, \cdots, P_n$ とし，

$$\varepsilon(P_1)+\varepsilon(P_2)+\cdots+\varepsilon(P_n)$$

なる和を考えよう．交差点の数は偶数であり，偶数個の奇数の和は偶数であるので，上記の和は 2 で割り切れる．したがって，2 つの結び目の間の絡み数 $\mathrm{lk}(K_1, K_2)$ を

$$\frac{1}{2}\{\varepsilon(P_1)+\varepsilon(P_2)+\cdots+\varepsilon(P_n)\}$$

によって定義する．この定義において，K_1, K_2 の順序は問題になっていないので，

$$\mathrm{lk}(K_1, K_2)=\mathrm{lk}(K_2, K_1)$$

がなりたつ．この定義により，図 3.37 に図示された 3 つの絡み目に対して，それらの絡み数が本節のはじめに意図されていたように定義されていることが

(1)　lk(K_1, K_2)=0　　(2)　lk(K_1, K_2)=−1　　(3)　lk(K_1, K_2)=2

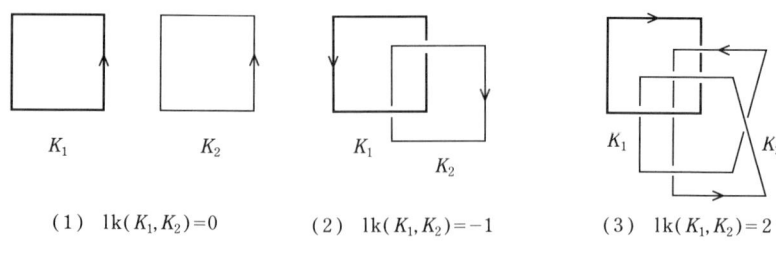

図 3.37

わかる．ただし，絡み目に向きを付けたので，図3.37(2)の場合，絡み数は -1 となっている．

絡み数は，2つの向きの付いた結び目の一つの射影図によって定義されている．記号では，lk(K_1, K_2) といかにも射影図に関係なく決っているように示されているが，このことは証明しなければならないが，ライデマイスターの操作に対して不変であることが容易にわかる．

絡み数の位相的不変性をライデマイスターの操作を使って証明しても，絡み数の位相的背景を十分には説明していない．しかしこの説明は本書では省略する．

練習問題

1. 2つの向きの付いた結び目の絡み数は，ライデマイスターの操作に対して不変であることを証明せよ．

3-10　3次元多様体とアレクサンダーの定理

まず多様体の定義からはじめる．一般に，ハウスドルフ空間 X の任意の点において n 次元開球と同相な近傍が存在するとき，X を **n 次元多様体** (n dimensional manifold) という．多様体は位相幾何学の重要な研究対象である．

コンパクトで連結な1次元多様体は円周 S^1 だけである．コンパクトで連結かつ向き付け可能な2次元多様体は図3.38に示されたような曲面だけである．

次にコンパクトで連結かつ向き付け可能な3次元多様体について考えよう．

B^3 を球体とし，その境界を球面 S^2 とする．S^2 上で上半球面と下半球面を，赤道を含む平面に対して対称な2点を同一視することによって，3次元球面

3-10 3次元多様体とアレクサンダーの定理

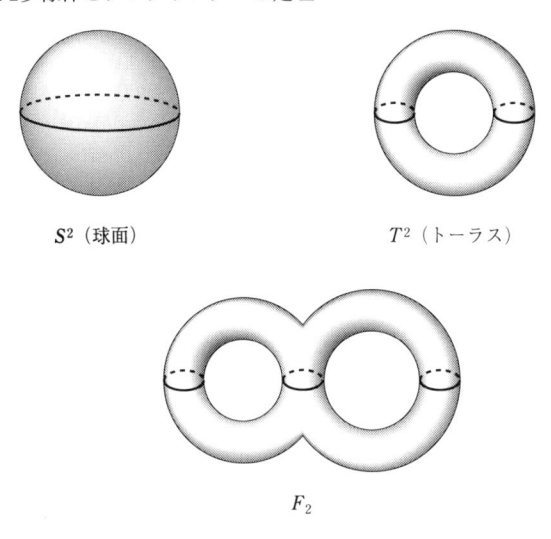

S^2（球面）

T^2（トーラス）

F_2

図 3.38

S^3 が得られる．このことは，図 3.39(a) の線分 PP' は，2 点を同一視した空間では赤道を一回りする円となることからわかる．また S^2 の上で B^3 の中心に対して対称な点 P, P' を同一視することによって，3 次元射影空間 P^3 が得られる (図 3.39(b))．

さらに上半球面の点を 120° 回転したのち，赤道を含む平面に対して対称な点にうつし，これらの 2 点を同一視すれば，**レンズ空間** (lens space) $L(3, 1)$ が得られる (図 3.40)．もとにもどって考えると，実は，P^3 は上半球面の点を 180° 回転したのち，赤道を含む平面に対して対称な点にうつし，これらの 2 点

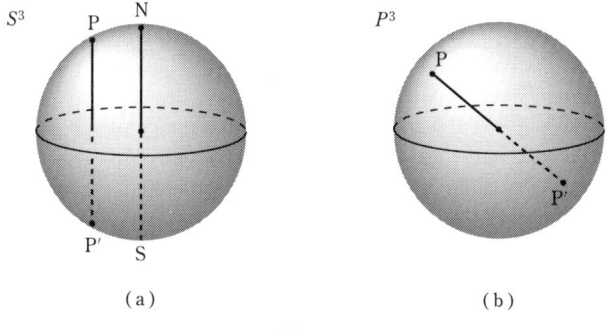

(a)   (b)

図 3.39

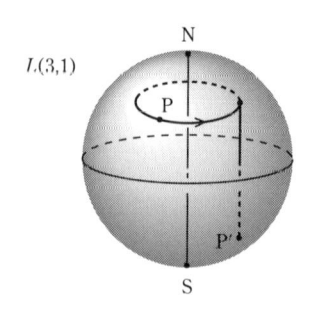

図 3.40

を同一視して得られるレンズ空間 $L(2,1)$ である.

$L(3,1)$ についてもう少し考察を続けよう. 球体の北極 N と南極 S とは $L(3,1)$ で同一視されているので同じ点である. 北極と南極を結ぶ直径は $L(3,1)$ では閉曲線 a をつくり, a を少しふくらませれば, 内味の詰まったトーラス T_1 (ソリッドトーラス(solid torus)ともいう)となり, $\overline{B^3 - T_1}$ も $L(3,1)$ ではソリッドトーラス T_2 となる(図3.41をみよ). このことは, 図3.42(a)で斜線を引いた部分は, 図3.42(b)で斜線を引いた部分に対応し, 3つ合わせて円板をつくっていることからわかる. すなわち, $L(3,1)$ は2つのソリッドトーラス T_1, T_2 の境界を適当に重ね合わせて同一視することによって得られる. そして T_2 上の曲線 b が(図3.43(b)をみよ), T_1 上で中心線 a に沿って3回まわっている閉曲線 b' (図3.43(a)をみよ)と同一視されていることがわかる. したがって, $L(3,1)$ では $a^3 \cong 1$ である.

一般に次の定理がなりたつ.

定理 3.7 (ヒーガード(Heegaard)の定理) 任意のコンパクトで連結かつ向き付け可能な3次元多様体は, 同じ種数の内味の詰まった閉曲面を2つとり, その境界を適当に重ね合わせて同一視したものと同相である.

ヒーガードの定理は, 3次元多様体の研究に一つの出発点を与えている. そして, それは閉曲面上の位相写像の研究にもとづいている. 3次元多様体の他の見方として, 次のアレクサンダー定理がある.

3-10 3次元多様体とアレクサンダーの定理

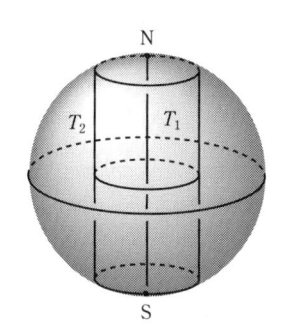

図 3.41

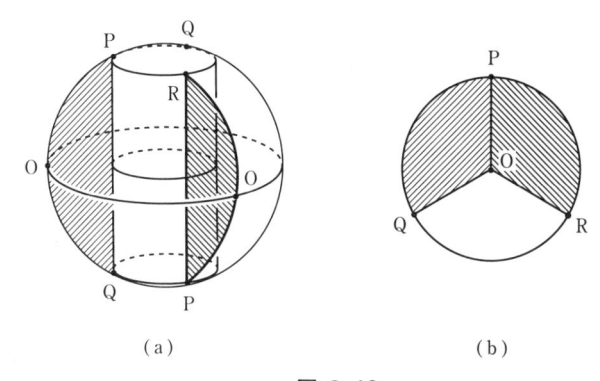

図 3.42

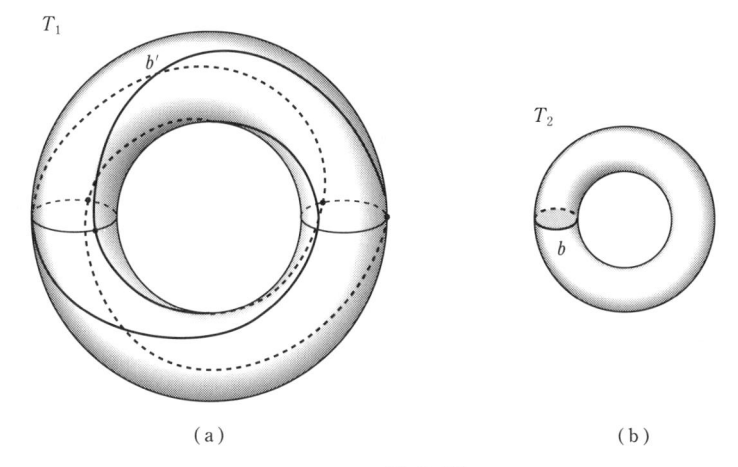

図 3.43

> **定理 3.8 (アレクサンダーの定理)**[†] 任意のコンパクトで連結かつ向き付け可能な3次元多様体は，3次元球面 S^3 の中にある空間グラフ上で分岐した S^3 の被覆空間である．

[注意 1] 任意の3次元多様体は三角形分割可能である．
[注意 2] 向き付け不可能な3次元多様体は，向き付け可能な3次元多様体の2重被覆空間である．
[注意 3] この定理は三角形分割可能な n 次元多様体に容易に拡張できる．
[注意 4] 結び目・絡み目・空間グラフの研究に分岐被覆空間を応用する手法は，上述のアレクサンダーの定理を逆の方向に応用したものといえる．しかし，最近の空間グラフの研究では，その分岐被覆空間が3次元多様体でない場合も考えられている[††]．

定理3.8(アレクサンダーの定理)の証明 M^3 をコンパクトで連結かつ向き付け可能な3次元多様体とし，$P_1, P_2, \cdots, P_n$ をその頂点の集りとする．M^3 に向きが付いているので，M^3 の中で $(P_{i_1}, P_{i_2}, P_{i_3}, P_{i_4})$ を $P_{i_1}, P_{i_2}, P_{i_3}, P_{i_4}$ を頂点とする3次元単体とすれば，$(P_{i_1}, P_{i_2}, P_{i_3}, P_{i_4})$ に $+, -$ の符号が付いていると考えてよい．$P_{i_1}, P_{i_2}, P_{i_3}, P_{i_4}$ の順序を偶置換で置換したものは同じ符号，奇置換で置換したものは異なる符号をもつ．$A_1, A_2, \cdots, A_n$ を空間 $\boldsymbol{R}^3$ 内に，任意の4点が同一平面上になるようにとる．そしてこれらの点を $S^3 = \boldsymbol{R}^3 \cup \{\infty\}$ の中で考える．

対応 $f: P_i \longrightarrow A_i \, (i=1, 2, \cdots, n)$ について考える．(P_{i_1}, P_{i_2}) が M^3 の1次元単体であるとき，$f(P_{i_1}, P_{i_2})$ が線分 $\overline{A_{i_1} A_{i_2}}$ であるように f を拡張する．さらに $(P_{i_1}, P_{i_2}, P_{i_3})$ が M^3 の2次元単体であるとき，$f(P_{i_1}, P_{i_2}, P_{i_3})$ が $\triangle A_{i_1} A_{i_2} A_{i_3}$ であるように f を拡張する．最後にこの f を M^3 の3次元単体 $(P_{i_1}, P_{i_2}, P_{i_3}, P_{i_4})$ 上に拡張することを考えよう．$(P_{i_1}, P_{i_2}, P_{i_3}, P_{i_4})$ の符号が $+$ であり，四面体 $A_{i_1} A_{i_2} A_{i_3} A_{i_4}$ の体積の符号[†††] が $+$ であるか，$(P_{i_1}, P_{i_2}, P_{i_3}, P_{i_4})$ の符号が $-$ であり，四面体 $A_{i_1} A_{i_2} A_{i_3} A_{i_4}$ の体積の符号も $-$ であるとき，$f(P_{i_1}, P_{i_2}, P_{i_3}, P_{i_4})$ を四面体 $A_{i_1} A_{i_2} A_{i_3} A_{i_4}$ の内部に拡張する．もし $(P_{i_1}, P_{i_2}, P_{i_3}, P_{i_4})$ の符号と四

[†] J. W. Alexander, Bull. Amer. Math. Soc. 26 (1919), 370-372.
[††] 例えば，p.101 脚注の H. Naka の論文をみよ．
[†††] 四面体 $A_{i_1} A_{i_2} A_{i_3} A_{i_4}$ の体積を行列式を使って表示したときの体積の符号．

3-10 3次元多様体とアレクサンダーの定理

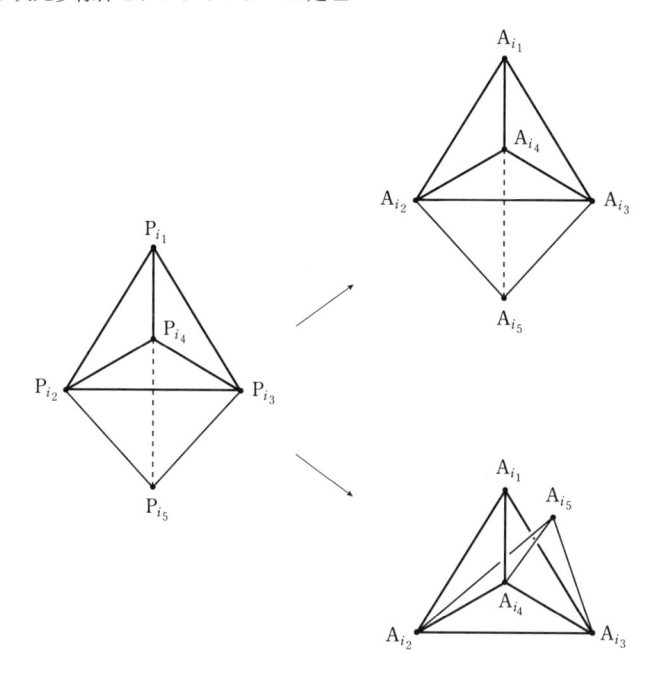

図 3.44

面体 $A_{i_1}A_{i_2}A_{i_3}A_{i_4}$ の体積の符号とが異なるときは，$f(P_{i_1}, P_{i_2}, P_{i_3}, P_{i_4})$ を四面体 $A_{i_1}A_{i_2}A_{i_3}A_{i_4}$ の外部に拡張する．このようにして $f: M^3 \to S^3$ をつくる．

この写像 f が，M^3 から1次元単体の集合(1-skelton)を引いた集合を，S^3 から $A_{i_1}, A_{i_2}, A_{i_3}, A_{i_4}$ からつくられる1次元単体の集合を引いた集合への被覆写像になっていることが容易にわかる．図 3.44 において，$(P_{i_5}, P_{i_2}, P_{i_3}, P_{i_4})$（＋の符号をもつ）と $(P_{i_5}, P_{i_2}, P_{i_3}, P_{i_4})$（$(P_{i_2}, P_{i_3}, P_{i_4})$ が消去されるために－の符号をもつ）から，写像 f が $\triangle A_{i_2}A_{i_3}A_{i_4}$ の上で被覆写像になるように定義されていることを確かめてほしい．このようにして，M^3 は S^3 の中の空間グラフの上で分岐した S^3 の被覆空間として表されることがわかる． □

3-11 アレクサンダーの定理の適用例

前節に述べたことを例によって説明しよう．

例16 まずトーラスからはじめる．トーラスは図3.45(a)のように表示されるが，それを4つの四角形に分ける(必ずしも三角形に分けることにこだわらなくてもよい)．$\boldsymbol{R}^2 \cup \{\infty\} = S^2$ 上に4点 A', B', C', D' をとり，対応 $f: A \to A', B \to B', C \to C', D \to D'$ を考える．さらに，f を線分 $\overline{AB}, \overline{BC}, \overline{CD}, \overline{DA}$ をそれぞれ $\overline{A'B'}, \overline{B'C'}, \overline{C'D'}, \overline{D'A'}$ にうつす写像に拡張する．f を分岐被覆写像とするために，4つの四角形 ABCD を，四角形 A'B'C'D' の内部または外部にうつす．図3.45で記号 i で示された四角形は四角形 A'B'C'D' の内部に，記号 e で示された四角形は四角形 A'B'C'D' の外部にうつすとする．四角形 A'B'C'D' の内部に点 O をとれば，f によって O にうつされる点は O_1 と O_2 である(図3.46参照)．

いま S^2 上で O からでて A' を一度回って O に戻る閉じた道 x は，トーラス上では，O_1 からでて O_2 に行く道 $\tilde{x}_1$ と，O_2 からでて O_1 に戻る道 $\tilde{x}_2$ に持ち上げられる．

したがって，この分岐被覆空間のモノドロミー写像 φ によって

$$\varphi(x) = \begin{pmatrix} 1 & 2 \end{pmatrix}$$

となる．同様に，y, z, t をそれぞれ O からでて B', C', D' を一度回って p に戻

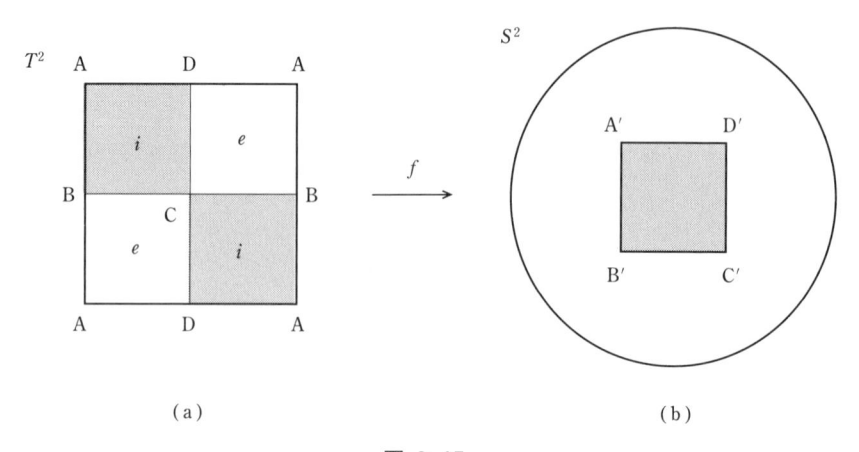

図 3.45

3-11 アレクサンダーの定理の適用例

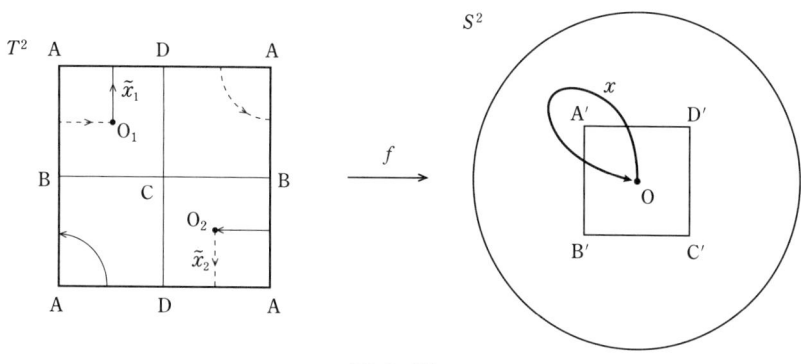

図 3.46

る閉じた道とすれば，

$$\varphi(y)=\varphi(z)=\varphi(t)=\begin{pmatrix}1 & 2\end{pmatrix}$$

となることがわかる．すなわち，S^2 上に 4 点集合 $X=\{A', B', C', D'\}$ をとれば，

$$G=\pi_1(S^2-X, p)=\{x, y, z, t \mid xyzt=1\}$$

であり，モノドロミー写像 $\varphi: G \to S_2$ を

$$\varphi(x)=\varphi(y)=\varphi(z)=\varphi(t)=\begin{pmatrix}1 & 2\end{pmatrix}$$

とすれば，4 点集合 X 上で分岐した S^2 の被覆空間はトーラスである．

例 17 次にレンズ空間 $L(3,1)$ について考えよう．$L(3,1)$ を図 3.47(a) のようにして 12 個の 4 面体に分ける．図 3.47(a) だけでは混乱するので，その上半分，下半分にある四面体を形式的に図 3.47(b) のように表す．$\boldsymbol{R}^3$ の中に 4 点 A', B', C', D' をとり（図 3.48(a) 参照），前節に述べたようにして，分岐被覆写像 $f: L(3,1) \to S^3$ をつくる．四面体 $A'B'C'D'$ の内部に点 O をとれば，f によって O にうつる点は $O_1, O_2, O_3, O_4, O_5, O_6$ である（図 3.47(b) 参照）．

S^3 の中で O からでて線分 $\overline{A'D'}$ を一度回って O に戻る道 x に対しては（図 3.48(b)），$L(3,1)$ における x のリフトを考えることによって，

$$\varphi(x)=\begin{pmatrix}1 & 3 & 5\end{pmatrix}\begin{pmatrix}2 & 6 & 4\end{pmatrix}$$

なるモノドロミー写像 φ が与えられる．O からでて線分 $\overline{A'B'}$ を一度回って O に戻る道 y に対しては（図 3.48(b)），

$$\varphi(y)=\begin{pmatrix}1 & 2\end{pmatrix}\begin{pmatrix}3 & 4\end{pmatrix}\begin{pmatrix}5 & 6\end{pmatrix},$$

120   3. 被 覆 空 間

$L(3,1)$

(a)

上半分　　　　　下半分

(b)

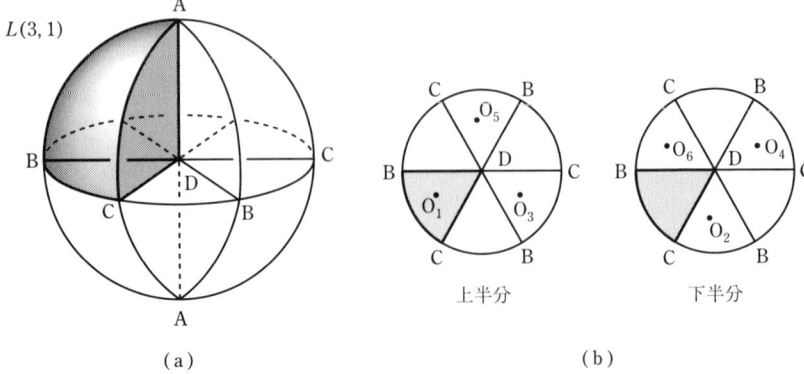

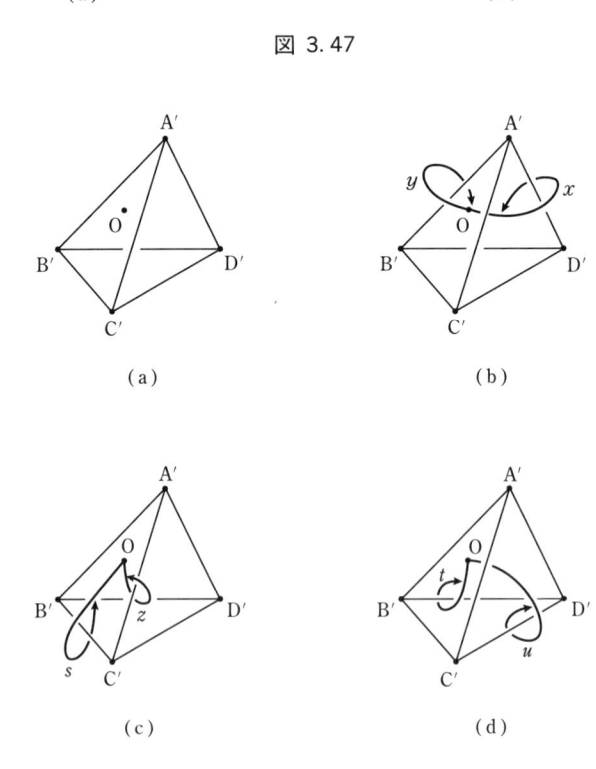

図 3.47

(a)　　　　　(b)

(c)　　　　　(d)

図 3.48

O からでて線分 $\overline{A'C'}$ を一度回って O に戻る道 z に対しては (図 3.48(c)),
$$\varphi(s) = (1\ 4)(2\ 5)(3\ 6) \quad (xy^{-1} = z),$$
O からでて線分 $\overline{B'C'}$ を一度回って O に戻る道 s に対しては (図 3.48(c)),
$$\varphi(s) = (1\ 5\ 3)(2\ 4\ 6),$$
O からでて線分 $\overline{B'D'}$ を一度回って O に戻る道 t に対しては (図 3.48(d)),
$$\varphi(t) = (1\ 6)(2\ 3)(4\ 5) \quad (sy = t),$$
O からでて線分 $\overline{C'D'}$ を一度回って O に戻る道 u に対しては (図 3.48(d)),
$$\varphi(u) = (1\ 2)(3\ 4)(5\ 6) \quad (xt^{-t} = zs^{-1} = u)$$
なるモノドロミー写像 φ が対応する.

したがって, S^3 の中に平面的なグラフ K をとり, これに上述のようなモノドロミー写像 φ を与えれば, この K_4 グラフ上で分岐した S^3 の被覆空間としてレンズ空間 $L(3,1)$ が得られる (図 3.49).

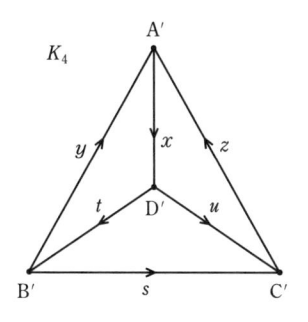

図 3.49

以上,「コンパクトで連結かつ向き付け可能な 3 次元多様体は, 空間グラフ上で分岐した S^3 の被覆空間である」というアレクサンダーの定理を, 前節では証明し, 本節では例によって説明したが, この定理には付記があって,「空間グラフを絡み目に直すことができる」と記されている. このことを以下に一例をもって簡単に説明しよう.

例 18 まず空間グラフ K 上で分岐した S^3 の被覆空間を $\tilde{X}$ とし, φ を基本群 $\pi_1(\tilde{X}, \tilde{p})$ から置換群へのモノドロミー写像とする. いま K の辺 $\overline{AB}$ を一

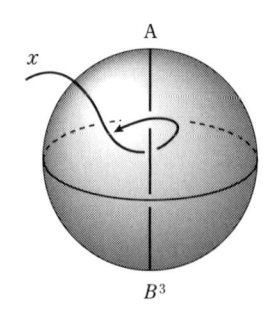

図 3.50

度回る道を x とし，$\varphi(x) = \begin{pmatrix} 1 & 2 & \cdots & n \end{pmatrix}$ としよう（図 3.50）．この辺を含み，他の辺を含まない球体 B^3 をとり，$\overline{AB}$ 上で分岐したモノドロミー写像が φ であるような，B^3 の被覆空間はやはり球体である．同じく球体 B^3 の中で A から B に至る $(n-1)$ 本の辺を考え（図 3.51 参照），図のようにモノドロミー写像を与えれば[†]，$(n-1)$ 本の辺上で分岐した B^3 の被覆空間も球体である．このことは，図 3.51 で太線で囲まれた円盤の $(n-1)$ 個の点上で分岐した被覆空間がやはり円盤であることからわかる．このようにして，空間グラフ上で分岐した被覆空間で，辺に対するモノドロミー写像がすべて互換であるように変えることができる．

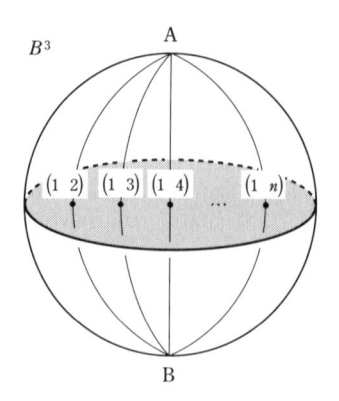

図 3.51

[†] $\begin{pmatrix} 1 & 2 & \cdots & n \end{pmatrix} = \begin{pmatrix} 1 & 2 \end{pmatrix}\begin{pmatrix} 1 & 3 \end{pmatrix} \cdots \begin{pmatrix} 1 & n \end{pmatrix}$

3-11 アレクサンダーの定理の適用例

そこで，例えばレンズ空間 $L(3,1)$ の場合，点 B′ の近傍では図 3.52 のように変えられている．B′ の近傍で小さな球面 S^2 をとり[†]，この球面の内部の空間グラフを図 3.53 のように変える．これらの同心球面の一番内部の球体では図 3.54 のようになっている．この空間グラフを図 3.53 のように変える．このように変えてもこれらの被覆空間が球体であることに変わりはない（図 3.55 の

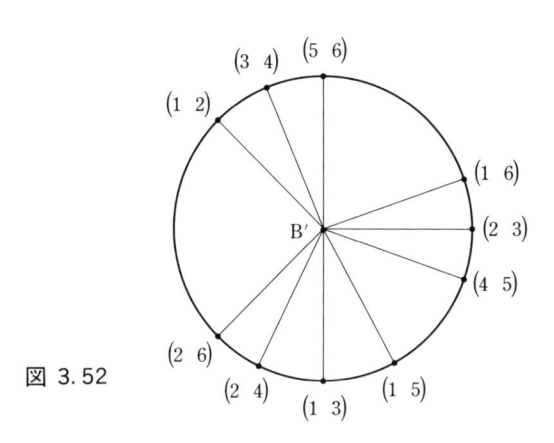

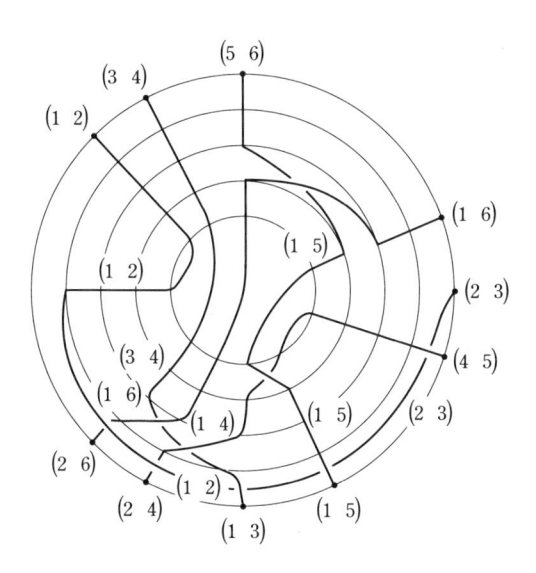

図 3.52

図 3.53

[†] 3 次元多様体の仮定から，この S^2 上 10 個の点の上で分岐した被覆空間も球面である．

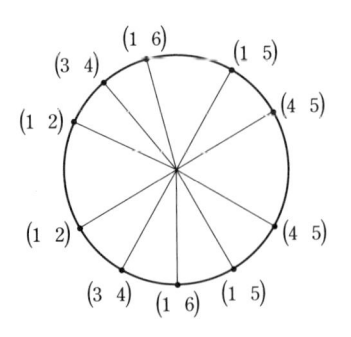

図 3.54

一番内部の5本の線分上で分岐した球体の被覆空間が球体であるのは, 図 3.55 で太線で囲まれた円盤の, 5個の点上で分岐した被覆空間が円盤であることからわかる). 図 3.53 では, すでにこのような取換えがなされた図が描かれている. このような操作を各頂点について行なえば, 空間グラフ上で分岐した被覆空間を, 絡み目上で分岐した S^3 の被覆空間と考えることができる.

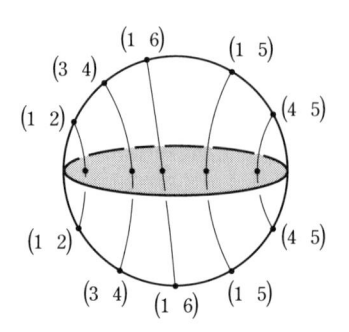

図 3.55

3-11 アレクサンダーの定理の適用例

練習問題

1. 図 3.56 で与えられた θ-曲線[†]上で分岐した S^3 の $Z_2\oplus Z_2$ 分岐被覆空間はどのような絡み目上で分岐した被覆空間と同相であるか[††]．また，この分岐被覆空間の基本群 G は以下のように与えられることを確かめよ．

$$G=\{b, c \mid b^5=(b\ c)^2=c^3\}$$

図 3.56

[†] このような θ-曲線は**樹下の θ-曲線**とよばれている．
[††] R. H. Fox, Rev. Mat. Hisp-Am. 32 (1972), 158-166.

練習問題の略解

第0章

1. $(1+x)^n = \binom{n}{0} + \binom{n}{1}x + \binom{n}{2}x^2 + \cdots + \binom{n}{n}x^n$ において $x=1$ とおき，右辺の組合せ数の和の意味を考えよ．

第1章

1-1節

1.〜**3.** 略

4. （1） 距離関数ではない．
　　（2） 距離関数である．

5. 距離関数である．問題の表現の仕方にまどわされてはならない．一般に，$f: x \longrightarrow \boldsymbol{R}$ とし，$d_f(x,y) = |f(x)-f(y)|$ とすれば，f がどのような条件を満たせば d_f が距離関数となるであろうか？

6. 略

1-2節

1. 略

2. $\overline{[0,1]} = [-\infty, 1],$　　Int $[0,1] = \emptyset,$　　Bdry $[0,1] = [-\infty, 1]$

3. $A \supseteq A^{cac}$ より　$A^{acacac} \supseteq A^{acac}$,
　　　$A^a \supseteq A^{acac}$ より　$A^{acacac} \subseteq A^{acac}$,
ここで例えば $X = \boldsymbol{R}$ とすれば，すべての $A \subseteq \boldsymbol{R}$ に対して
$$A, A^a, A^{ac}, A^{aca}, \cdots, A^{acacaca}$$
$$A^c, A^{ca}, A^{cac}, \cdots, A^{cacacac}$$
なる集合が得られる．これらがすべて異なっているような集合 A をつくってみるもよい練習問題であろう．

1-3 節

1. 略

2. $x, y \in \mathbf{R}$ とし, $x<y$ とする. 開区間 (x, y) について考える. $z \in (x, y)$ とすれば, $x<z<y$ であるので,
$$x<u(z)<z<v(z)<y$$
を満たす有理数 u, v が存在する. $z \in (u, v)$ であり, $\dfrac{u+v}{2}=s$, $\dfrac{v-u}{2}=r$ とおけば, $(u, v) = U_r(s)$ と表示できる. すなわち, 2 つの実数の間には必ず有理数が存在するという定理が, 証明のもとになっている.

1-4 〜 1-7 節 略

1-8 節

1., **2.** 略

3*. $f(I)$ が折線の集合である場合, 証明することはやさしい.
このことを一般化して, f が連続関数である場合, 正確な証明は少々複雑である.

1-9 〜 1-10 節 略

第 2 章

2-1 節 略

2-2 節

1.〜3. 略

4. $f: I \longrightarrow X$, $f(0)=f(1)=p$ とする. X が可縮であるので, $D=\{(X, y) \mid x^2+y^2 \leqq 1\}$ とし, f を $\bar{f}: D \longrightarrow X$ に拡張する. f が $\pi_1(X, p)$ の単位元であるためには, $\bar{f}([0,1])=p$ でなければならない. このために
$$s_t = \{(x, y) \mid (x-t)^2+y^2=(1-t)^2\},$$
$$\bar{s}_t = \{(x, y) \mid x^2+y^2=(1-t)^2\}$$
とおく. $\bar{s}_t$ は s_t を x 軸に沿って平行移動したものであるので, $\bar{\bar{f}}_t: \bar{s}_t \longrightarrow X$ を, $\bar{s}_t$ の点と対応する s_t の点で $\bar{f}$ と同じ写像とする.

$\bar{\bar{f}}: D \longrightarrow X$ を上記の $\bar{\bar{f}}_t$ $(0 \leqq t \leqq 1)$ の集りとして定義する. s_0, $\bar{s}_0$ は円周 S^1 であり, s_1 は点 $(1, 0)$, $\bar{s}_1$ は原点 $(0, 0)$ である. このように定義された $\bar{\bar{f}}$ は $\bar{\bar{f}}([0,1])=p$ を満たすので, f が $\pi_1(X, p)$ の単位元であることがわかる.

5. 略

第3章

3-2節

1. 略

2. $p:(\widetilde{X}, \tilde{o}) \longrightarrow (X, o)$ とする.さらに,$\tilde{o}_i, \tilde{o}_j$ を $p(\tilde{o}_i)=p(\tilde{o}_j)=0$ であるような $\widetilde{X}$ 上の点とする.$p_*(\pi_1(\widetilde{X}, \tilde{o}))$ が $\pi_1(X, o)$ の正規部分群であれば,
$$p_*(\pi_1(\widetilde{X}, \tilde{o}_i)) = p_*(\pi_1(\widetilde{X}, \tilde{o}_j))$$
がなりたつ(このことを証明せよ).

$g \in \pi_1(X, o)$ とし,$\tilde{g}_i, \tilde{g}_j$ をそれぞれ g の上にあって,o_i, o_j からでる道とする.$\tilde{g}_i$ は $p_*(\tilde{g}_i)$ が $\pi_1(\widetilde{X}, \tilde{o}_i)$ に含まれているとき,そのときに限り閉じた道である.$\tilde{g}_j$ は $p_*(\tilde{g}_j)=p_*(\tilde{g}_i)$ であり,$p_*(\pi_1(\widetilde{X}, \tilde{o}_j))=p_*(\pi_1(\widetilde{X}, \tilde{o}_i))$ であるので,$\tilde{g}_i$ が閉じた道であるとき,そのときに限り閉じた道である.

3-5節 略

3-7節

1. θ-曲線 K_0 を $\boldsymbol{R}^3$ の x 軸,y 軸,z 軸の正の部分(それに原点と無限遠点をつけ加える)とすれば,その $Z_2 \oplus Z_2$ 分岐被覆空間での K_0 上の曲線は x 軸,y 軸,z 軸に無限遠点をつけ加えたものである.また $\boldsymbol{R}^3$ の点 (x, y, z) の上の点は
$$(x, y, z), \quad (-x, -y, z), \quad (-x, y, -z), \quad (x, -y, -z)$$
の4点からなる.

2. 略

3. K を S^3 内の θ-曲線とし,p, q を3つの線分がでている頂点とする.モノドロミー写像 $\varphi(\pi_1(S^3-K)) \longrightarrow Q$ (四元数群)を構成する.点 p よりでる3つの線分には図1のように φ を与える.一般にヴィルティンガーの表示 $x_j = x_k x_i x_k^{-i}$ より,例えば $\varphi(x_i) = i$ であれば $\varphi(x_j) = \pm i$ であることがわかる.同様にして,3つの各折線の上では,φ の線はそれぞれ $\pm i, \pm j, \pm k$ であることがわかる(このことを確めよ).点 q の近くで例えば図2のようになっているときは図3のように変形すれば $jik=1$ であるので,点 q のまわりでもヴィルティンガー表示に適合する.他の場合も同様に,q のまわりで適当に変形できることを確めよ.

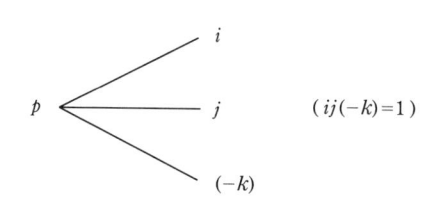

$$p \diagup\begin{matrix} i \\ j \\ (-k) \end{matrix} \qquad (ij(-k)=1)$$

図 1

図 2

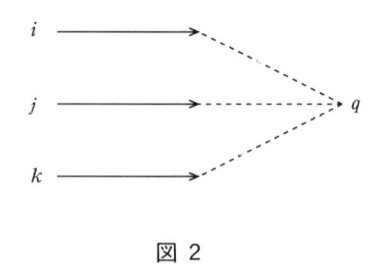

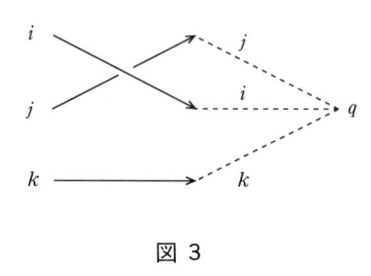

図 3

3-8 節

1. $\Delta_{K_3} = t^4 - t^3 + t^2 - t + 1$
2. 行列 $A(K)$ において $t=1$ とおく．
3. 略

3-9 節，3-11 節　略

あ と が き

ここで，主な参考文献について少し書いておきたい．ただし本文に直接関係するものはその都度脚注に書いてある．

「位相幾何学の始まり」にある Euler の「ケーニヒスベルグの橋」の問題は，問題を解くことではなく，本書が教科書として用いられた場合を想定して，位相幾何学について何の予備知識もない読者に，位相幾何学をどのように考えればよいかを説明することに重点をおいて書かれている．本文は，

 J. B. Newman, "The Koenigsberg Bridges," in Mathematics in the Modern World, Readings from Scienticfic American, Edited by M. Kline, W. H. Freeman and Co. (1948)

を参照した．

第1章の位相空間論はすでに多数の教科書が出版されているが，本書を執筆するにあたっては

 静間良次，「位相」，サイエンス社(1975)

を参考にした．また，

 内田伏一，「集合と位相」，裳華房(1986)

も参考にした．もう少し程度の高いものとしては

 W. Frantz, "General Topology," Ungar (1965)［ドイツ語よりの英訳］

を参考文献としてあげておく．これはよくまとまった小冊子である．

第2章は基本群を中心とした位相幾何学であり，

 H. Seifert und W. Threlfall, "Lehrbuch der Topologie," Teubner (1934)［英訳あり］

がまず参考文献としてあげられるが，同じ系統の本として

 小松醇郎，「初等位相幾何学」，壮文社(1948)

も参考文献にあげておきたい．著者は小松醇郎先生の位相幾何学の講義に出席し，このような位相幾何学を学んだ．なお最近では

R. Crowell and R. Fox, "Introduction to Knot Theory," Ginn and Co. (1963) [邦訳：寺阪英孝・野口廣 訳，「結び目理論入門」，岩波書店 (1990)]，

W. Massey, "Algebraic Topology, An Introduction," Harcourt Brace & World (1967),

クゼ・コスニオフスキ(加藤十吉 編訳),「トポロジー入門」, 東京大学出版会(1983)

がこの方面の入門書として，よく読まれているようである．

本書では，分岐被覆空間論の結び目論への応用について述べているが，結び目論への入門書としては，

河内明夫 編著,「結び目理論」, シュプリンガー・フェアラーク東京(1990) [英訳：A. Kawauchi, "A Survey of Knot Theory," Besel, Birkhäuser (1996)],

村杉邦男 著,「結び目理論とその応用」, 日本評論社(1993)

[英訳：K. Murasugi, "Knot Theory and its Applications," Boston, Birkhäuser (1996)]

が適当であろう．

第3章の分岐被覆空間に関連して書かれた自由群論に関することは，

M. Hall, "The Theory of Groups," Macmillan (1959) [邦訳：榎本彦衛・坂内英一 他訳,「数学叢書13 群論(下)」, 吉岡書店(1970)]

にもとづいて書かれた．また，分岐被覆空間のモノドロミー写像による基本群の計算は，

R. Fox, "Free Differential Calculus III, Subgroups," Ann. of Math, 64 (1956)

に述べられているが，上記の M. Hall の群論を読んでいなければ理解し難いようである．Fox はこの計算法について時折ふれているが，系統立てて説明しなかった．著者は，本書の読者によって，分岐被覆空間論が3次元多様体や結び目論等の研究に，より広く応用されることを希望する．

なお，3-11節の終わりにあるアレクサンダーの定理の付記は，1960年代に

は理解し難い命題となっていたが，このことについて Fox が Alexander に尋ね，Alexander は Fox に手紙を書いて説明した．それによると，1920 年代には，リーマン面のことは数学者の常識であったので詳しく書く必要はなかったが，その後リーマン面のことが常識でなくなって，理解し難い命題となっていたことがわかる．Fox 教授が，この「Alexander からの手紙」をもとにして講義されたので，著者はこのことを学ぶ機会にめぐまれた．今もこの手紙がどこかに残っていることと希望している．

索　引

あ　行

アレクサンダー行列　102, 106
アレクサンダー多項式　102
アレクサンダーの定理　116
位数　52, 53
位相空間　14
　　——が強い　34
　　——が弱い　34
位相写像　25
位相的不変な概念　25
位相的不変量　25
1対1対応　4
ε-近傍　12
ヴィルティンガー表示　71
上の道　72
ウリゾーンの定理　37, 38
n次元多様体　112
n次元単体　63
n点空間　10
オイラー標数　80

か　行

開核　17
開基　35
開球　12
開集合　12, 14
　　位相空間の——　14
　　距離空間の——　12
開被覆　38
可換化　91
可換群　52
核　56
拡張　24
加群　52
可算集合　5
可縮　59
カラテオドリの定理　66
絡み数　105
絡み目　110
関係子　60, 61
関係子の集合
　　群を表示する——　61
関係式　60, 61
管状近傍　95
完備　49
完備化　50
樹下・寺阪結び目　110
基本近傍系　21
基本群　58
基本列　48
既約語　85

逆像　4
逆置換　52
境界　18
共通集合　2
共役　82
局所コンパクト　42
　　——な空間　42
局所有限的　37
局所連結　47
極大な木　64
距離　9
　　点と集合の——　44
距離関数　9
距離空間　9
　　連続関数の——　11
距離づけ可能　37
擬連結成分　29
空集合　2
群　51
元　1
弧　28
合成写像　5
恒等写像　4
恒等置換　52
コーシーの定理　48
弧状連結　29
弧状連結成分　29
コーシー列　48
コンパクト　38

さ　行

サイクル数　88
最大値・最小値の定理　41
ザイフェルト曲面　94
ザイフェルト・ファンカンペンの定理
　　62
差集合　3
三角形分割　64

三角不等式　9
3次元射影空間　113
σ-局所有限的　37
σ-離散的　37
四元数群　101
g 重巡回被覆空間　93
g 重被覆空間　92
g 重分岐被覆　92
指数　53
次数　79
θ-曲線　100
　　樹下の——　124
　　自明な——　100
実数の集合　10
始点　29
自明な結び目　72
射影　32
写像　4
　　——の拡張　4
　　——の合成　5
　　——の制限　4
自由群　85
集合　1
集合族　3
自由積　62
集積点　45
収束
　　関数列の——　11
　　点列の——　11
終点　29
種数　79
シュライアー系　85
巡回群　53
準同位　57
準同型　55
準同型写像　55
　　自然な——　55
準同型定理　55

順な結び目　68
剰余群　54
剰余類　53
ジョルダン曲線の定理　67
真部分集合　2
推移的　82
正規空間　36
正規部分群　54
制限　4, 24
生成元　60
　——と関係子による表示　61
　——の集合　60
正則空間　36
正則射影　71
正則被覆空間　81
正則被覆射影　81
積
　集合の——　2
　閉じた道の——　57
積集合　2
全射　4
全単射　4
全有界性　46
像　4
ソリッド・トーラス　114

た 行

第1可算公理　34
対称群　52
対称和　108
第2可算公理　35
代表元
　剰余類の——　83
互いに素　2
多面体　64
単射　4
単純閉曲線　66
単体　63

単連結　59
チコノフの定理　40
中間値の定理　27
稠密　49
直積　30
　群の——　55
直積空間　29
直和　56
直径　44
T_i-空間　36
ティーツェの拡張定理　25
ティーツェの定理　38
ティーツェ変換　75
定値写像　4
デーン表示　104
同位　66
　——でない　66
同位相　25
同型　55
同型写像　55
同相　25
同相写像　25
閉じた道　57
ド・モルガンの式　3
トーラス　65

な 行

内部　17
濃度　6
　——が大きい　6
　——が小さい　6

は 行

ハイネ・ボレルの性質　39
ハウスドルフ空間　35, 36
ハウスドルフの公理　35
ヒーガードの定理　114

非正則3重被覆空間　97
左合同
　　H を法として ——　53
左剰余類　53
左分解　53
被覆空間　77
被覆指数　79
被覆射影　77
被覆写像　77
被覆する　38
被覆変換群　102
ヒルベルト空間　33
ヒルベルト立方体　33
ファン カンペンの定理　62
複体　63
部分位相空間　18
部分距離空間　11
部分群　53
部分集合　2
部分複体　64
普遍被覆空間　81
フルヴィッツの定理　80
不連結　26
分岐関係式　95
分岐している
　　被覆写像は ——　92
分岐被覆空間
　　$Z_1 \oplus Z_2$ ——　100
分離の公理　35
ペアノ曲線　47
閉集合　15
閉包　16
辺単体　63
補集合　3
ホモトープ　57
ボルツァーノ・ワイアストラスの定理
　　44

ま　行

右剰余類　53
右分解　53
道　29
　　—— を持ち上げる　78
密着空間　15
無限群　52
無限巡回被覆空間　101
結び目　67
　　クローバ型の ——　72
　　自明な ——　72
　　順な ——　68
　　野性的な ——　68
結び目群　69
持ち上げる　60, 78
モノドロミー写像　82

や　行

野性的な結び目　68
有界　41
有限群　52
有限交差性　42
有限生成群　84
要素　1

ら　行

ライデマイスターの操作　74
ラグランジュの定理　54
離散空間　14
離散的　37
リフトする　60
領域　29
ルベーグ数　45
連結　26, 28
連結成分　28
レンズ空間 $L(3,1)$　113

連続
  位相空間上で写像が ── 22
  関数が ── 22
  距離空間上で写像が ── 22

連続曲線　47
連続体　47
和集合　2

著 者 略 歴

樹　下　眞　一
きの　　した　　しん　いち

1948年　大阪大学理学部数学科卒業
1958年　理学博士（大阪大学理学部）
　　　　大阪大学講師，プリンストン高
　　　　等研究所客員研究員，プリンス
　　　　トン大学助手，サスカチェワン
　　　　大学助教授，フロリダ州立大学
　　　　準教授，同大学教授，関西学院
　　　　大学教授を歴任．
　　　　（アトランタ近郊在住）

　　　　　　　　Ⓒ　樹　下　眞　一　2000
2000年 9月14日　初　版　発　行

位 相 幾 何 学 入 門

　　　著　者　樹　下　眞　一
　　　発行者　山　本　　格
発 行 所　株式会社　培　風　館
東京都千代田区九段南 4-3-12・郵便番号102-8260
電　話(03)3262-5256(代表)・振　替 00140-7-44725

前田印刷・三水舎製本

PRINTED IN JAPAN

ISBN4-563-00292-5　C3041